AF346860

THÉORIE DES SÉRIES

A TERMES CONSTANTS

APPLICATIONS AUX CALCULS NUMÉRIQUES

E. FABRY

PROFESSEUR A L'UNIVERSITÉ DE MONTPELLIER

LAURÉAT DE L'INSTITUT

THÉORIE DES SÉRIES

A TERMES CONSTANTS

APPLICATIONS AUX CALCULS NUMÉRIQUES

PARIS

LIBRAIRIE SCIENTIFIQUE A. HERMANN & FILS

LIBRAIRES DE S. M. LE ROI DE SUÈDE

6, RUE DE LA SORBONNE, 6

1910

THÉORIE DES SÉRIES A TERMES CONSTANTS

CHAPITRE PREMIER

—

NOTIONS GÉNÉRALES

1. Définition. — On appelle série une suite illimitée de nombres :

$$(1) \qquad u_1,\ u_2,\ldots u_n,\ldots$$

u_n peut être un nombre entier, fractionnaire, ou incommensurable, positif ou négatif. A chaque nombre entier positif n correspond un terme u_n. Représentons par S_n la somme des n premiers termes :

$$(2) \qquad S_n = u_1 + u_2 + \ldots + u_{n-1} + u_n.$$

Si la suite $S_1,\ S_2,\ldots S_n,\ldots$ a une limite, lorsque n augmente indéfiniment, on dit que la série est convergente. Soit S cette limite, on peut écrire :

$$S = u_1 + u_2 + \ldots + u_n + \ldots = \sum_{n=1}^{\infty} u_n.$$

Si S_n n'a pas de limite, lorsque n augmente indéfiniment, on dit que la série est divergente ; l'expression $\sum_{1}^{\infty} u_n$ n'a alors aucun sens.

2. Exemples. — Inversement, si l'on donne la suite illimitée

$$S_1,\ S_2,\ldots S_n,\ldots$$

on peut former une série $u_1,\ u_2,\ldots u_n,\ldots$, telle que les n premiers termes aient pour somme S_n, pour toute valeur de n. La formule (2) donne en effet :

$$S_{n-1} = u_1 + u_2 + \ldots + u_{n-1}$$
$$S_n - S_{n-1} = u_n.$$

On aura la série :

$$S_1, \ S_2 - S_1, \ S_3 - S_2, \ldots, \ S_n - S_{n-1}, \ldots$$

qui est convergente si S_n a une limite, divergente si S_n n'a pas une limite déterminée.

Soit, par exemple, $S_n = \dfrac{n}{n+1}$, qui a pour limite 1, lorsque n augmente indéfiniment. On aura :

$$u_n = \frac{n}{n+1} - \frac{n-1}{n} = \frac{1}{n(n+1)}.$$

La série $\dfrac{1}{1.2} + \dfrac{1}{2.3} + \ldots + \dfrac{1}{n(n+1)} + \ldots$ est convergente, et a pour somme 1.

$$\text{Si } S_n = 1 - \frac{1}{2^n} \ , \qquad u_n = 1 - \frac{1}{2^n} - \left(1 - \frac{1}{2^{n-1}}\right) = \frac{1}{2^n}$$

la série $\dfrac{1}{2} + \dfrac{1}{2^2} + \ldots + \dfrac{1}{2^n} + \ldots$ est convergente, et a pour somme 1.

Si $S_n = \sqrt{n}$, qui augmente indéfiniment, on a :

$$(3) \qquad u_n = \sqrt{n} - \sqrt{n-1} = \frac{1}{\sqrt{n} + \sqrt{n-1}}.$$

La série dont le terme général est $\dfrac{1}{\sqrt{n} + \sqrt{n+1}}$ est divergente. La série $1 + 1 + 1 + \ldots$ est également divergente, car $S_n = n$ augmente indéfiniment.

La série $1 - 1 + 1 - 1 \ldots + (-1)^{n-1} + \ldots$ est divergente, car S_n, ayant alternativement les valeurs 1 et 0, n'a pas une limite déterminée.

3. Condition nécessaire. — Si la série (1) est convergente, S_n a une limite S; c'est-à-dire que, quel que soit le nombre positif ε, il existe un rang p, tel que $S_n - S$ soit compris entre $-\varepsilon$ et ε, pour toute valeur de n, égale ou supérieure à p :

$$-\varepsilon < S_n - S < \varepsilon \quad , \quad n \geqslant p$$

ou, si on représente par $|a|$ la valeur absolue du nombre a,

$$|S_n - S| < \varepsilon$$

ce rang p varie avec ε, il augmente indéfiniment si ε tend vers zéro ; mais il doit être déterminé pour toute valeur positive de ε. Si $n > p$, on a aussi :

$$-\varepsilon < S_{n-1} - S < \varepsilon$$
$$u_n = S_n - S_{n-1} = (S_n - S) - (S_{n-1} - S)$$
$$|u_n| < |S_n - S| + |S_{n-1} - S| < 2\varepsilon.$$

Étant donné un nombre positif arbitraire, que l'on peut représenter par 2ε, il existe un rang déterminé p, tel que tous les termes u_n, de rang n supérieur à p, aient une valeur absolue inférieure à 2ε. Il en résulte que u_n tend vers zéro.

Dans toute série convergente, le terme général u_n tend vers zéro. Mais cette condition nécessaire n'est pas suffisante ; par exemple, dans la série divergente (3), le terme général $\dfrac{1}{\sqrt{n} + \sqrt{n-1}}$ tend vers zéro.

Inversement, si u_n ne tend pas vers zéro, la série (1) est divergente. Car, si elle était convergente, u_n tendrait vers zéro, lorsque n augmente indéfiniment.

Plus généralement, si la série (1) est convergente, et si n est supérieur au nombre p, qui correspond à ε, on a, quel que soit q :

$$u_{n+1} + u_{n+2} + \dots + u_{n+q} = S_{n+q} - S_n = (S_{n+q} - S) - (S_n - S)$$

expression comprise entre -2ε et 2ε ; puisque $S_n - S$ et $S_{n+q} - S$ sont compris entre $-\varepsilon$ et ε. Donc, quel que soit q, la somme des q termes consécutifs qui suivent u_n tend vers zéro, lorsque n augmente indéfiniment. q peut être un nombre fixe, ou peut varier avec n, la somme des q termes tend vers zéro, pourvu que n augmente indéfiniment. Si cette somme ne tend pas vers zéro, la série est divergente.

4. Progression géométrique. — Soit la progression :

$$1, q, q^2, \ldots q^{n-1}, q^n, \ldots$$
$$u_1 = 1, u_2 = q, u_3 = q^2, \ldots u_n = q^{n-1}, \ldots$$

Si $q > 1$, les termes vont en augmentant, la série est divergente, car u_n ne tend pas vers zéro. De même si $q = 1$, car $u_n = 1$.

Soit $0 < q < 1$

$$S_n = 1 + q + q^2 + \ldots + q^{n-2} + q^{n-1}$$
$$qS_n = q + q^2 + \ldots + q^{n-1} + q^n$$
$$S_n - qS_n = 1 - q^n$$

$$S_n = \frac{1 - q^n}{1 - q} = \frac{1}{1 - q} - \frac{q^n}{1 - q} < \frac{1}{1 - q}$$

car $1 - q$, et q, sont supposés positifs. Les termes vont en décroissant, et tendent vers zéro. En effet, chacun des n termes de S_n, étant plus grand que le terme q^n, S_n est plus grand que n fois q^n, donc :

$$nq^n < S_n < \frac{1}{1 - q}$$

quel que soit le nombre positif ε, on peut trouver un rang n plus grand que $\dfrac{1}{\varepsilon(1 - q)}$. On a alors :

$$q^n < \frac{1}{n(1 - q)} < \varepsilon \quad \text{si} \quad n > \frac{1}{\varepsilon(1 - q)}.$$

Donc q^n tend vers zéro, lorsque n augmente indéfiniment. $\dfrac{q^n}{1 - q}$ tend aussi vers zéro, et S_n a pour limite $\dfrac{1}{1 - q}$. La progression géométrique décroissante est convergente et a pour somme :

$$S = \frac{1}{1 - q} = 1 + q + q^2 + \ldots + q^n + \ldots$$

Si q est négatif et compris entre 0 et -1, les termes q^n sont alternativement positifs et négatifs, mais tendent encore vers zéro, comme $(-q)^n$. Le même calcul montre que la série est convergente et a pour somme $\dfrac{1}{1 - q}$. Mais S_n est alternativement supérieur et inférieur à sa limite $\dfrac{1}{1 - q}$.

Si $q < -1$, les termes augmentent en valeur absolue, la série est divergente.

Si $q = -1$, on a la série $1 - 1 + 1 - 1 \ldots$, les sommes S_n ont alternativement les valeurs 1 et 0, la série est divergente.

La progression est convergente et a pour valeur $\dfrac{1}{1 - q}$ si $-1 < q < 1$.

5. Reste. — Si la série (1) est convergente, la série $u_{n+1}, u_{n+2}, \ldots$ est aussi convergente, quel que soit n. Posons :

$$R_n = u_{n+1} + u_{n+2} + \ldots$$
$$S = (u_1 + u_2 + \ldots + u_n) + u_{n+1} + u_{n+2} + \ldots = S_n + R_n.$$

Si n augmente indéfiniment, S_n a pour limite S, $R_n = S - S_n$ tend vers zéro.

Si on change un nombre limité de termes, la série est encore convergente. Car, si u_p est le dernier terme modifié, la série $u_{p+1} + u_{p+2} + \ldots$, qui n'a pas changé, est convergente. Lorsque $n > p$ les termes u_n n'ont pas changé, les sommes S_n ont changé d'une quantité constante.

Si la série (1) est divergente, la série $u_{n+1} + u_{n+2} + \ldots$ est divergente, quel que soit le nombre déterminé n. La série reste divergente si on modifie un nombre limité de termes.

Une série reste soit convergente, soit divergente, si on change les valeurs d'un nombre limité de termes, ou si on supprime, ou ajoute, des termes en nombre limité. Pour savoir si une série est convergente ou divergente, il suffit de tenir compte des termes qui suivent un rang déterminé ; puisque les deux séries

$$u_1, u_2, \ldots, u_n \ldots$$

et

$$u_{p+1}, u_{p+2}, \ldots, u_{p+n} \ldots$$

sont convergentes, ou divergentes, en même temps. Si l'une est convergente, l'autre est convergente ; si l'une est divergente, l'autre est aussi divergente.

6. Addition des séries. — Soient deux séries convergentes

$$S = u_1 + u_2 + \ldots + u_n + \ldots$$
$$S' = v_1 + v_2 + \ldots + v_n + \ldots$$

a et b deux nombres donnés, positifs ou négatifs, la série

$$au_1, \ au_2, \ldots au_n, \ldots$$

est aussi convergente, car la somme des n premiers termes, $a\,S_n$, a pour limite aS.

La série dont le terme général est $au_n + bv_n$ est également convergente, la somme de ses n premiers termes est $aS_n + bS'_n$; elle a pour limite $aS + bS'$.

Si la série u est convergente, et la série v divergente, la série de terme général $au_n + bv_n$ est divergente, car S_n a une limite S, mais S'_n n'en a pas ; donc $aS_n + bS'_n$ n'a pas de limite.

De même, si on ajoute les termes d'ordre n de plusieurs séries convergentes, on obtient une série convergente qui représente leur somme.

CHAPITRE II

—

SÉRIES A TERMES POSITIFS

7. Principe fondamental. — Si tous les termes, u_1, u_2,... u_n...,
d'une série sont positifs [1], les sommes S_1, S_2... S_n,... vont en
augmentant, car

$$S_n = S_{n-1} + u_n > S_{n-1},$$

Ou bien S_n augmente indéfiniment, ou bien S_n a une limite ; car
des nombres qui croissent, et ne dépassent jamais un nombre fixe,
ont une limite.

Si S_n augmente indéfiniment, c'est-à-dire si, quel que soit A il
existe un rang n, tel que $S_n > A$, la série est divergente. Si, au
contraire, il existe un nombre B, tel que $S_n < B$, quel que soit n,
S_n a une limite, la série est alors convergente.

*Lorsqu'une série à termes positifs est divergente, la somme S_n,
des n pemiers termes, augmente indéfiniment avec n.*

8. Méthode de comparaison. — Pour savoir si une série à
termes positifs est convergente ou divergente, on peut la comparer
à une série connue :

Soient u_1, u_2,... u_n,... et v_1, v_2,... v_n,... deux séries telles que
l'on ait, pour toute valeur de n,

$$u_n \leqslant v_n.$$

Soit :

$$S_n = u_1 + u_2 + ... + u_n$$
$$S'_n = v_1 + v_2 + ... + v_n$$

---

[1] On supposera, dans ce chapitre, tous les termes positifs.

on aura :

$$S_n \leqslant S'_n$$

pour toute valeur de n. Donc, si la série v est convergente et a une somme S', on a constamment $S_n \leqslant S'_n < S'$, la série u est aussi convergente, et a une somme $S \leqslant S'$.

Si la série u est divergente. S_n augmente indéfiniment; S'_n, qui est supérieur à S_n. augmente aussi indéfiniment, la série v est donc divergente.

Mais il suffit que la condition $u_n \leqslant v_n$ soit vérifiée pour les valeurs de n supérieures à un nombre déterminé; car, si on change un nombre limité de termes, une série ne cesse pas d'être, soit convergente, soit divergente (n° **5**). En outre, si A est un nombre positif fixe, les deux séries Σu_n et $\Sigma A u_n$ sont convergentes ou divergentes en même temps. On peut alors comparer les séries en formant le rapport $\dfrac{u_n}{v_n}$:

Si la série Σv_n est convergente, et s'il existe un nombre fixe B, *et un rang p, tel que* $\dfrac{u_n}{v_n} <$ B, *pour toute valeur de n supérieure à p, la série Σu_n est aussi convergente.*

Car u_n est inférieur au terme $B v_n$ d'une série convergente. Cette règle s'applique si $\dfrac{u_n}{v_n}$ a une plus grande limite finie $\mathfrak{L}$ (n° **122**).

Si la série v_n est divergente, et s'il existe un nombre fixe A $>$ o, *et un rang p, tel que* $\dfrac{u_n}{v_n} >$ A, *pour toute valeur de n supérieure à p, la série Σu_n est aussi divergente*, car u_n est supérieur au terme $A v_n$ d'une série divergente.

Cette règle s'applique si $\dfrac{u_n}{v_n}$ a une plus petite limite l non nulle, c'est-à-dire $l >$ o, car $\dfrac{u_n}{v_n}$ est toujours positif.

En particulier si A $< \dfrac{u_n}{v_n} <$ B, pour toute valeur $n > p$, les séries u et v sont toutes les deux convergentes, ou toutes les deux divergentes. Cela a lieu si $\dfrac{u_n}{v_n}$ a une plus petite limite non nulle, $l >$ o, et une plus grande limite $\mathfrak{L}$ finie.

9. Comparaison de $\frac{u_{n+1}}{u_n}$. — On peut encore comparer deux séries à termes positifs en formant le rapport $\frac{u_{n+1}}{u_n}$ d'un terme u_{n+1} au terme précédent u_n.

Soit v_1, v_2,... v_n,... une série convergente, et u_1, u_2,... u_n,... une série telle qu'à partir d'un rang p, et pour toute valeur de $n > p$, on ait :

$$\frac{u_{n+1}}{u_n} \leqslant \frac{v_{n+1}}{v_n}.$$

Si $n > p$, il en résulte :

$$\frac{u_n}{u_p} = \frac{u_n}{u_{n-1}} \frac{u_{n-1}}{u_{n-2}} \cdots \frac{u_{p+1}}{u_p} \leqslant \frac{v_n}{v_{n-1}} \frac{v_{n-1}}{v_{n-2}} \cdots \frac{v_{p+1}}{v_p} = \frac{v_n}{v_p}$$

$$u_n \leqslant \frac{u_p}{v_p} v_n$$

p étant fixe, $\frac{u_p}{v_p}$ est un nombre constant, la série $\Sigma \frac{u_p}{v_p} v_n$ est convergente, ainsi que la série Σu_n, dont les termes sont plus petits.

Si la série Σv_n est convergente, et si $\frac{u_{n+1}}{u_n} \leqslant \frac{v_{n+1}}{v_n}$, à partir d'un rang p, la série Σu_n est convergente.

Cette inégalité peut s'écrire

$$\frac{u_{n+1}}{u_n v_{n+1}} - \frac{1}{v_n} \leqslant 0.$$

La règle précédente s'applique si $\frac{u_{n+1}}{u_n v_{n+1}} - \frac{1}{v_n}$ a une plus grande limite négative. Ou si, la plus grande limite étant nulle, cette expression n'est jamais positive, à partir d'un rang p.

Si la série Σv_n est divergente, et si $\frac{u_{n+1}}{u_n} \geqslant \frac{v_{n+1}}{v_n}$, à partir d'un rang p, la série Σu_n est divergente.

Lorsque $n > p$, on a, en effet

$$\frac{u_n}{u_p} = \frac{u_n}{u_{n-1}} \frac{u_{n-1}}{u_{n-2}} \cdots \frac{u_{p+1}}{u_p} \geqslant \frac{v_n}{v_{n-1}} \frac{v_{n-1}}{v_{n-2}} \cdots \frac{v_{p+1}}{v_p} = \frac{v_n}{v_p}$$

u_n est plus grand que le terme $\frac{u_p}{v_p} v_n$ d'une série divergente.

L'inégalité précédente peut s'écrire $\frac{u_{n+1}}{u_n v_{n+1}} - \frac{1}{v_n} \geqslant 0$. Cette dernière règle s'applique lorsque $\frac{u_{n-1}}{u_n v_{n+1}} - \frac{1}{v_n}$ a une plus petite limite positive ; ou si, la plus petite limite étant nulle, cette expression n'est jamais négative, à partir d'un rang p.

10. Règle de Dalembert. — Si la série de comparaison est la progression géométrique décroisssante k, k^2, k^3, ... k^n, ..., où $0 < k < 1$, $v_n = k^n$, $\frac{v_{n+1}}{v_n} = k$, on arrive à la règle suivante :

Si $\frac{u_{n+1}}{u_n}$ reste inférieur à un nombre k, plus petit que 1, pour toute valeur de n supérieure à un nombre déterminé, la série u_1, u_2, ..., u_n, ... est convergente.

Si $\frac{u_{n+1}}{u_n} \geqslant 1$ à partir d'un rang déterminé, la série est divergente; car les termes ne diminuent pas et ne tendent pas vers zéro.

Supposons que $\frac{u_{n+1}}{u_n}$ tende vers une limite l, lorsque n augmente indéfiniment. Si $l < 1$, soit $k = l + \varepsilon$ un nombre compris entre l et 1, il existera un rang p, tel que $\frac{u_{n+1}}{u_n} < k$, pour toute valeur $n > p$, donc la série est convergente. Si $l > 1$, il existera un rang p, tel que $\frac{u_{n+1}}{u_n} > 1$, pour toute valeur $n > p$, la série est divergente. Si $l = 1$, on ne peut rien en conclure ; cependant, si $\frac{u_{n+1}}{u_n}$ tend vers 1, en restant toujours supérieur à 1, la série est divergente.

Si $\frac{u_{n+1}}{u_n}$ n'a pas une limite déterminée, cette suite illimitée $\frac{u_2}{u_1}$, $\frac{u_3}{u_2}$, ... $\frac{u_{n+1}}{u_n}$, ... a une plus grande limite $\mathcal{L}$, et une plus petite limite l, qui pourraient être nulles ou infinies (n° **124**). Supposons $\mathcal{L}$ fini, l est aussi fini. Quel que soit le nombre positif ε, il existe un rang p tel que, pour toute valeur de n supérieure à p, on ait :

$$l - \varepsilon < \frac{u_{n+1}}{u_n} < \mathcal{L} + \varepsilon.$$

Si $\mathcal{L} < 1$, on peut choisir $\mathcal{L} + \varepsilon$, compris entre $\mathcal{L}$ et 1, donc la série est convergente, car $\frac{u_{n+1}}{u_n} < \mathcal{L} + \varepsilon < 1$.

Si $l > 1$, on peut choisir $l - \varepsilon$ compris entre 1 et l, la série est divergente, car $\dfrac{u_{n+1}}{u_n} > l - \varepsilon > 1$.

La règle de Dalembert ne s'applique plus si $l < 1 < \mathfrak{L}$, ou si l'un de ces nombres l, $\mathfrak{L}$ est égal à 1.

11. Règle de Cauchy. — Si on compare directement une série à une progression géométrique de raison $k < 1$, on est conduit à poser $u_n < k^n$ ou

$$\sqrt[n]{u_n} < k.$$

Si $\sqrt[n]{u_n}$ reste inférieur à un nombre k, plus petit que 1, pour toute valeur de n supérieure à un nombre déterminé, la série $\sum u_n$ est convergente.

Si $\sqrt[n]{u_n} \geqslant 1$ pour une suite illimitée de valeurs de n, pour ces valeurs $u_n \geqslant 1$, donc u_n ne tend pas vers zéro, la série est divergente.

Soit $\mathfrak{L}$ la plus grande limite de $\sqrt[n]{u_n}$, lorsque n augmente indéfiniment. Si $\mathfrak{L} < 1$, on peut choisir un nombre $\mathfrak{L} + \varepsilon$ compris entre $\mathfrak{L}$ et 1 ; il existe un rang p tel que, si $n > p$, on ait :

$$\sqrt[n]{u_n} < \mathfrak{L} + \varepsilon < 1$$

donc la série est convergente.

Si $\mathfrak{L} > 1$, la série est divergente, car il existe des valeurs de n, dépassant tout nombre donné, telles que .

$$\sqrt[n]{u_n} > 1 \quad , \quad u_n > 1.$$

Si $\mathfrak{L} = 1$, la règle de Cauchy ne s'applique plus ; cependant, si $\sqrt[n]{u_n}$ était supérieur à 1 pour une infinité de valeurs de n, la série serait divergente.

Dans le cas où $\sqrt[n]{u_n}$ a une limite déterminée, pour $n = \infty$, cette limite est $\mathfrak{L}$. Mais il n'y a pas toujours une limite, tandis qu'il y a toujours une plus grande limite, qui peut être nulle, ou infinie.

On peut encore remplacer $\sqrt[n]{u_n}$ par son logarithme, en remarquant que, si une variable x augmente de 0 à 1 et $+ \infty$, son logarithme Lx augmente de $- \infty$ à 0 et $+ \infty$. Si

$$L \sqrt[n]{u_n} = \frac{L u_n}{n} < - a < 0$$

on a

Si

$$\sqrt[n]{u_n} < e^{-a} < 1.$$

$$L \sqrt[n]{u_n} = \frac{L u_n}{n} > 0$$

on a

$$L u_n > 0 \quad , \quad u_n > 1$$

ce qui conduit à la règle suivante :

Si $\dfrac{L u_n}{n}$ *reste inférieur à un nombre négatif, pour toute valeur de n supérieure à un rang déterminé, la série Σu_n est convergente.*

Si $L u_n > 0$ *pour une suite illimitée de valeurs de n, la série est divergente.*

On peut encore chercher soit la limite de $\dfrac{L u_n}{n}$, si elle existe, soit sa plus grande limite. Si elle est négative, la série est convergente, si elle est positive, la série est divergente. Si cette plus grande limite est nulle, la règle de Cauchy ne s'applique pas.

12. Comparaison des limites de $\dfrac{u_{n+1}}{u_n}$ **et** $\sqrt[n]{u_n}$. — Si A est un nombre positif, $\sqrt[n]{A}$ tend vers 1, lorsque n augmente indéfiniment. En effet, supposons $A > 1$; soit $A = 1 + a$. On a :

$$(1+a)^2 = 1 + 2a + a^2 > 1 + 2a$$
$$(1+a)^3 = (1+a)^2(1+a) > 1 + 2a)(1+a) = 1 + 3a + 2a^2 > 1 + 3a$$
$$(1+a)^n = (1+a)^{n-1}(1+a) > (1 + (n-1)a)(1+a) > 1 + na.$$

Comme a est un nombre positif quelconque, qu'on peut remplacer par $\dfrac{a}{n}$, on a :

$$\left(1 + \frac{a}{n}\right)^n > 1 + n\frac{a}{n} = 1 + a$$

$$1 + \frac{a}{n} > \sqrt[n]{1 + a} > 1$$

donc $\sqrt[n]{1 + a}$ a pour limite 1, lorsque n augmente indéfiniment. Si A est plus petit que 1, on peut poser $A = \dfrac{1}{1 + a}$,

$$\sqrt[n]{\frac{1}{1 + a}} = \frac{1}{\sqrt[n]{1 + a}}$$

a encore pour limite 1. Comme $\sqrt[n]{1} = 1$, on voit que $\sqrt[n]{A}$ a pour limite 1, quel que soit le nombre positif constant A.

On arrive au même résultat en remarquant que

$$\log \sqrt[n]{A} = \frac{1}{n} \log A$$

qui tend vers zéro. $\sqrt[n]{A}$ a pour limite 1, dont le logarithme est 0.

Soit u_1, u_2, ..., u_n, ... une suite illimitée de nombres positifs quelconques, $\mathscr{L}$ la plus grande limite de $\frac{u_{n+1}}{u_n}$, supposons $\mathscr{L}$ fini. A toute quantité positive ε correspond un rang p tel que, si $n \geqslant p$, on ait

$$\frac{u_{n+1}}{u_n} < \mathscr{L} + \varepsilon$$

$$\frac{u_n}{u_p} = \frac{u_n}{u_{n-1}} \cdot \frac{u_{n-1}}{u_{n-2}} \ldots \frac{u_{p+2}}{u_{p+1}} \frac{u_{p+1}}{u_p} < (\mathscr{L} + \varepsilon)^{n-p}$$

car chacun de ces $n - p$ rapports est inférieur à $\mathscr{L} + \varepsilon$.

$$u_n < \frac{u_p}{(\mathscr{L} + \varepsilon)^p} (\mathscr{L} + \varepsilon)^n < \frac{u_p}{\mathscr{L}^p} (\mathscr{L} + \varepsilon)^n$$

$$\sqrt[n]{u_n} < (\mathscr{L} + \varepsilon) \sqrt[n]{\frac{u_p}{\mathscr{L}^p}}$$

ε et p restant fixes, si n augmente indéfiniment, $\sqrt[n]{\frac{u_p}{\mathscr{L}^p}}$ a pour limite 1. Il existe donc un rang p', que l'on peut supposer supérieur à p, tel que $\sqrt[n]{\frac{u_p}{\mathscr{L}^p}} < 1 + \varepsilon$ pour toute valeur de n supérieure à p'. On a alors :

$$\sqrt[n]{u_n} < (\mathscr{L} + \varepsilon)(1 + \varepsilon).$$

Si ε' est un nombre donné, prenons $\varepsilon < \frac{\varepsilon'}{2 + \mathscr{L}}$, et $\varepsilon < 1$, on aura :

$$\sqrt[n]{u} < \mathscr{L} + \varepsilon(1 + \mathscr{L} + \varepsilon) < \mathscr{L} + \varepsilon'$$

à tout nombre positif ε', on peut ainsi faire correspondre un rang p' tel que $\sqrt[n]{u_n} < \mathscr{L} + \varepsilon'$ si $n > p'$.

Donc, si $\mathscr{L}'$ est la plus grande limite de $\sqrt[n]{u_n}$, on a $\mathscr{L}' \leqslant \mathscr{L}$.

Si $\mathscr{L} = \infty$, on a aussi $\mathscr{L}' \leqslant \infty$.

Dans tous les cas, on a $\mathscr{L}' \leqslant \mathscr{L}$.

Soit l la plus petite limite de $\dfrac{u_{n+1}}{u_n}$. Supposons que l ne soit pas nul, $l > 0$. A tout nombre positif ε correspond un rang p tel que, si $n \geqslant p$, on ait :

$$\frac{u_{n+1}}{u_n} > l - \varepsilon$$

supposons $\varepsilon < l$. On aura :

$$\frac{u_n}{u_p} = \frac{u_n}{u_{n-1}} \frac{u_{n-1}}{u_{n-2}} \cdots \frac{u_{p+2}}{u_{p+1}} \frac{u_{p+1}}{u_p} > (l - \varepsilon)^{n-p}$$

$$u_n > \frac{u_p}{(l - \varepsilon)^p} (l - \varepsilon)^n > \frac{u_p}{l^p} (l - \varepsilon)^n$$

$$\sqrt[n]{u_n} > (l - \varepsilon) \sqrt[n]{\frac{u_p}{l^p}}$$

ε et p restant fixes, si n augmente indéfiniment, $\sqrt[n]{\dfrac{u_p}{l^p}}$ a pour limite 1. Il existe un rang p', supérieur à p, tel que $\sqrt[n]{\dfrac{u_p}{l^p}} > 1 - \varepsilon$ pour toute valeur de n supérieure à p'. On a alors :

$$\sqrt[n]{u_n} > (l - \varepsilon)(1 - \varepsilon) > l - \varepsilon(1 + l)$$

ε' étant un nombre donné, soit $\varepsilon = \dfrac{\varepsilon'}{1 + l}$, aux nombres ε' et ε correspond un nombre p' tel que

$$\sqrt[n]{u_n} > l - \varepsilon' \quad \text{si} \quad n > p'.$$

Si l' est la plus petite limite de $\sqrt[n]{u_n}$, on a donc $l' \geqslant l$. Si $l = 0$, on a aussi $l' \geqslant 0$. Dans tous les cas $l' \geqslant l$.

Ainsi on a toujours

$$l \leqslant l' \leqslant \mathcal{L}' \leqslant \mathcal{L}$$

les limites extrêmes l' et $\mathcal{L}'$ de $\sqrt[n]{u_n}$ sont comprises entre celles de $\dfrac{u_{n+1}}{u_n}$. En particulier, si $\dfrac{u_{n+1}}{u_n}$ a une limite déterminée, c'est-à-dire si $l = \mathcal{L}$, $\sqrt[n]{u_n}$ a la même limite, car $l' = \mathcal{L}' = \mathcal{L}$.

Par exemple si $u_n = n$, $\dfrac{u_{n+1}}{u_n} = 1 + \dfrac{1}{n}$ a pour limite 1 ; donc $\sqrt[n]{n}$ tend aussi vers 1.

Il est facile de voir que la réciproque n'est pas vraie, les limites extrêmes de $\sqrt[n]{u_n}$ peuvent être différentes de celles de $\dfrac{u_{n+1}}{u_n}$; $\sqrt[n]{u_n}$

peut avoir une limite déterminée $l' = \mathfrak{L}'$, sans que $\frac{u_{n+1}}{u_n}$ ait une limite. Soit par exemple :

$$u_n = a^{(-1)^n} x^n$$

l'exposant $(-1)^n$ a alternativement les valeurs -1 et $+1$. On a la série

$$\frac{x}{a} + ax^2 + \frac{x^3}{a} + \ldots + \frac{x^{2n-1}}{a} + ax^{2n} + \ldots$$

$\frac{u_{n+1}}{u_n}$ aura alternativement les deux formes :

$$\frac{ax^{2n}}{\frac{x^{2n-1}}{a}} = a^2 x \qquad \text{et} \qquad \frac{\frac{x^{2n+1}}{a}}{ax^{2n}} = \frac{x}{a^2}.$$

Si $a < 1$, la plus petite limite est $l = a^2 x$, la plus grande limite $\mathfrak{L} = \frac{x}{a^2}$.

Comme $\sqrt[n]{a}$ a pour limite 1, $\sqrt[n]{u_n}$ prend les deux formes

$$\sqrt[2n]{ax^{2n}} = x\sqrt[2n]{a} \qquad \text{et} \qquad \sqrt[2n+1]{\frac{x^{2n+1}}{a}} = \frac{x}{\sqrt[2n+1]{a}};$$

qui ont la même limite, bien déterminée, x.

Soit encore la série

$$\frac{x}{1} + 2x^2 + \frac{x^3}{3} + \ldots + \frac{x^{2n-1}}{2n-1} + 2nx^{2n} + \ldots$$

où $u_n = n^{(-1)^n} x^n$. Le rapport $\frac{u_{n+1}}{u_n}$ prend les deux formes

$$2n(2n-1)x \qquad \text{et} \qquad \frac{x}{2n(2n+1)}$$

qui tendent, l'une vers ∞, l'autre vers 0. Donc $l = 0$, $\mathfrak{L} = \infty$. Mais $\sqrt[n]{u_n}$ tend vers x, car $\sqrt[n]{n}$ a la même limite que $\frac{n+1}{n}$, c'est-à-dire 1, $\sqrt[n]{nx^n}$ et $\sqrt[n]{\frac{x^n}{n}}$ ont la même limite x.

Toutes les fois que la règle de Dalembert peut s'appliquer, c'est-à-dire que 1 n'est pas compris entre l et $\mathfrak{L}$, la règle de Cauchy s'applique aussi. La règle de Dalembert est cependant très utile, parce qu'elle donne souvent lieu à des calculs beaucoup plus simples. Lorsqu'on veut chercher la limite d'une expression de la forme $\sqrt[n]{u_n}$, il est même souvent plus simple de chercher la limite de $\dfrac{u_{n+1}}{u_n}$. Par exemple, si $P(x)$ est un polynôme de degré p, dont le premier terme x^p a un coefficient positif, il est facile de voir que $\dfrac{P(n+1)}{P(n)}$, pour $n = \infty$, a la même limite que $\left(\dfrac{n+1}{n}\right)^p$, ou 1 ; il en résulte que $\sqrt[n]{P(n)}$ a pour limite 1. On pourrait, du reste, le démontrer en montrant que $\log \sqrt[n]{P(n)}$ tend vers zéro.

13. Exemples. — Soit la série $x,\ 2x^2,\ \ldots,\ nx^n,\ \ldots$

$$\frac{u_{n+1}}{u_n} = \frac{(n+1)x^{n+1}}{nx^n} = \frac{n+1}{n}\,x$$

a pour limite x. Si $x > 1$ la série est divergente, si $0 < x < 1$ elle est convergente. Pour $x = 1$, $\dfrac{u_{n+1}}{u_n} = \dfrac{n+1}{n} > 1$, la série est encore divergente.

Soit la série

$$x + \frac{x^2}{2} + \frac{x^3}{2 \cdot 3} + \ldots + \frac{x^n}{1 \cdot 2 \cdot 3 \ldots n} + \ldots$$

$$\frac{u_{n+1}}{u_n} = \frac{x}{n+1}$$

tend vers zéro, donc la série est convergente pour toute valeur positive de x.

Considérons encore la série :

$$\frac{x}{1+x^2} + \frac{x^2}{1+x^4} + \frac{x^3}{1+x^6} + \ldots + \frac{x^n}{1+x^{2n}} + \ldots$$

$$\frac{u_{n+1}}{u_n} = x\,\frac{1+x^{2n}}{1+x^{2n+2}}.$$

Si $0 < x < 1$, x^{2n} tend vers zéro, $\dfrac{u_{n+1}}{u_n}$ a pour limite $x < 1$, la série est convergente.

Si $x > 1$, $\dfrac{u_{n+1}}{u_n} = x\,\dfrac{\dfrac{1}{x^{2n}}+1}{\dfrac{1}{x^{2n}}+x^2}$, x^{2n} augmente indéfiniment,

$\dfrac{1}{x^{2n}}$ tend vers zéro, $\dfrac{u_{n+1}}{u_n}$ a pour limite $\dfrac{x}{x^2} = \dfrac{1}{x} < 1$, la série est encore convergente.

Si $x = 1$, $u_n = \frac{1}{2}$, la série est divergente, car u_n ne tend pas vers zéro.

Cette série est convergente pour toute valeur positive de x, sauf $x = 1$.

14. Série harmonique. — La série 1, $\frac{1}{2}$, $\frac{1}{3}$, ..., $\frac{1}{n}$, ..., est appelée série harmonique. Si on ajoute les n termes qui suivent $\frac{1}{n}$, on a :

$$u_{n+1} + u_{n+2} + \ldots + u_{n+n} = \frac{1}{n+1} + \frac{1}{n+2} + \ldots + \frac{1}{n+n} > \frac{n}{2n} = \frac{1}{2}$$

car chacun de ces termes est supérieur au dernier $\frac{1}{2n}$. La série est donc divergente puisque cette somme ne tend pas vers zéro, si n augmente indéfiniment (n° **3**).

On peut présenter ce raisonnement sous une autre forme; on a :

$$\left(1 + \frac{1}{2}\right) + \left(\frac{1}{3} + \frac{1}{4}\right) + \left(\frac{1}{5} + \frac{1}{6} + \frac{1}{7} + \frac{1}{8}\right) + \ldots$$

$$+ \left(\frac{1}{2^{p-1}+1} + \frac{1}{2^{p-1}+2} + \ldots + \frac{1}{2^p}\right) > \frac{p}{2}$$

car on a p groupes de termes, la somme de chaque groupe étant supérieure à $\frac{1}{2}$. Si $2^p \leqslant n < 2^{p+1}$, on a :

$$S_n \geqslant S_{2^p} > \frac{p}{2}.$$

Si n augmente indéfiniment, p augmente aussi indéfiniment, ainsi que S_n.

Si $a > 0$, la série :

$$(4) \qquad 1 \quad , \quad \frac{1}{2^{1+a}} \quad , \quad \frac{1}{3^{1+a}} \quad , \quad \ldots \quad \frac{1}{n^{1+a}} \quad , \quad \ldots$$

est convergente. En effet, formons la somme de n termes, à partir de $\dfrac{1}{n^{1+a}}$, qui sera le plus grand :

$$\frac{1}{n^{1+a}} + \frac{1}{(n+1)^{1+a}} + \cdots + \frac{1}{(n+n-1)^{1+a}} < \frac{n}{n^{1+a}} = \frac{1}{n^a}$$

$$1 + \left(\frac{1}{2^{1+a}} + \frac{1}{3^{1+a}}\right) + \left(\frac{1}{4^{1+a}} + \cdots + \frac{1}{7^{1+a}}\right) + \cdots$$

$$+ \left(\frac{1}{2^{p(1+a)}} + \cdots + \frac{1}{(2^{p+1}-1)^{1+a}}\right)$$

$$< 1 + \frac{1}{2^a} + \frac{1}{2^{2a}} + \cdots + \frac{1}{2^{pa}} < \frac{1}{1 - \dfrac{1}{2^a}} = \frac{2^a}{2^a - 1}$$

car on a une progression géométrique décroissante, de raison $\dfrac{1}{2^a}$, qui a pour limite, si $p = \infty$, $\dfrac{2^a}{2^a - 1}$. Quel que soit n, il existe un nombre p tel que $n < 2^p$, et $S_n < \dfrac{2^a}{2^a - 1}$, S_n restant inférieur à un nombre fixe, la série est convergente (n° **7**).

Si $a < 0$, l'exposant $1 + a < 1$, la série (4) est divergente, car $\dfrac{1}{n^a} > 1$, $\dfrac{1}{n^{1+a}} > \dfrac{1}{n}$ terme général de la série harmonique divergente.

15. Règle de Raabe. — Dans la série (4) ajoutons le terme $u_1 = 0$, alors $u_2 = 1$, $u_n = \dfrac{1}{(n-1)^{1+a}}$

$$\frac{u_{n-1}}{u_n} = \frac{1}{n^{1+a}}(n-1)^{1+a} = \left(1 - \frac{1}{n}\right)^{1+a} > 1 - \frac{1+a}{n}.$$

En effet, si on pose $\dfrac{1}{n} = x$, $0 < x < 1$, la fonction

$$y = (1-x)^{1+a} - 1 + (1+a)x$$

a pour dérivée

$$y' = (1+a)\left[1 - (1-x)^a\right] > 0$$

puisque $a > 0$, $(1-x)^a < 1$. y augmente avec x; pour $x = 0$, $y = 0$; donc, si x varie de 0 à 1, y reste positif.

Si $a = 0$, pour la série harmonique $\dfrac{u_{n+1}}{u_n} = 1 - \dfrac{1}{n}$.

Si une série est telle que, à partir d'un rang déterminé, on ait :

$$\frac{u_{n+1}}{u_n} < 1 - \frac{1+a}{n} < \left(1 - \frac{1}{n}\right)^{1+a}$$

la série est convergente (n° **9**). Cette inégalité peut s'écrire

$$\left(1 - \frac{u_{n+1}}{u_n}\right)n > 1 + a.$$

Si $\left(1 - \frac{u_{n+1}}{u_n}\right)n \leqslant 1$, ou $\frac{u_{n+1}}{u_n} \geqslant 1 - \frac{1}{n}$ la série est divergente. Ce qui conduit à la règle suivante :

Si, à partir d'un rang déterminé, $\left(1 - \frac{u_{n+1}}{u_n}\right)n$ reste supérieur à un nombre $1 + a > 1$, la série Σu_n est convergente. Si $\left(1 - \frac{u_{n+1}}{u_n}\right)n$ reste inférieur ou égal à 1, la série est divergente.

Si l et $\mathcal{L}$ représentent la plus petite limite, et la plus grande limite de $\frac{u_{n+1}}{u_n}$; lorsque $l > 1$, ou $\mathcal{L} < 1$, la règle de Raabe est inutile, celle de Dalembert suffit. Si $l < 1 < \mathcal{L}$, la règle de Raabe n'indique rien, $\left(1 - \frac{u_{n+1}}{u_n}\right)n$ prend des valeurs positives et négatives, dont la valeur absolue dépasse tout nombre donné. Elle n'est utile que si $l = 1$, ou $\mathcal{L} = 1$. Si $\frac{u_{n+1}}{u_n}$ a une limite, la règle de Raabe pourra être utile si cette limite est 1.

16. **Généralisation**. — Dans la série harmonique introduisons $p + 1$ termes arbitraires, $v_1, v_2, \ldots, v_{p+1}$, et posons :

$$v_{p+2} = 1 \quad , \quad v_{p+3} = \frac{1}{2} \quad , \quad \ldots \quad v_{p+n} = \frac{1}{n-1}$$

ou

$$v_n = \frac{1}{n-p-1} \quad , \quad n > p + 1$$

on a ·

$$\frac{v_{n+1}}{v_n} = \frac{n-p-1}{n-p} = 1 - \frac{1}{n-p} < 1 - \frac{n+p}{n^2} = 1 - \frac{1}{n} - \frac{p}{n^2}.$$

Si une série Σu_n est telle que, à partir d'un rang déterminé, on ait :

$$\frac{u_{n+1}}{u_n} > 1 - \frac{1}{n} - \frac{A}{n^2}$$

la série est divergente ; car, quel que soit le nombre fixe A, en prenant $p > A$, on aura

$$\frac{u_{n+1}}{u_n} > 1 - \frac{1}{n} - \frac{p}{n^2} > \frac{n - p - 1}{n - p}.$$

Il en résulte que, si $\left(1 - \frac{u_{n+1}}{u_n} - \frac{1}{n}\right) n^2$ reste inférieur à un nombre fixe A, la série est divergente.

17. Règle de Gauss. — Supposons que l'on ait :

$$\frac{u_{n+1}}{u_n} = \frac{n^2 + an + A}{n^3 + bn + B}$$

où a et b sont constants, A et B pouvant varier avec n, mais avec des valeurs absolues inférieures à un nombre positif C ; c'est-à-dire que A et B restent compris entre $-$ C et $+$ C. En effectuant la division on a :

$$\frac{u_{n+1}}{u_n} = 1 + \frac{a - b}{n} + \frac{A + b(b - a) - B\left(1 + \dfrac{a - b}{n}\right)}{n^2 + bn + B}$$

$\left(1 - \dfrac{u_{n+1}}{u_n}\right) n$ a pour limite $b - a$. La règle de Raabe montre que, si $b > a + 1$, la série est convergente ; si $b < a + 1$ elle est divergente.

Si $b = a + 1$,

$$\frac{u_{n+1}}{u_n} = 1 - \frac{1}{n} + \frac{A + b - B\left(1 - \dfrac{1}{n}\right)}{n^2 + bn + B}$$

$\left(1 - \dfrac{u_{n+1}}{u_n} - \dfrac{1}{n}\right) n^2$ reste fini ; la série est divergente.

En particulier, si $\dfrac{u_{n+1}}{u_n}$ est une fraction rationnelle en n, à coefficients constants, ce rapport a une limite déterminée qui peut être nulle ou infinie ; si cette limite n'est pas 1, la règle de Dalembert suffit ; si $\dfrac{u_{n+1}}{u_n}$ tend vers 1, on peut ramener ce rapport à la forme

$$\frac{u_{n+1}}{u_n} = \frac{n^p + a_1 n^{p-1} + a_2 n^{p-2} + \ldots + a_p}{n^p + b_1 n^{p-1} + b_2 n^{p-2} + \ldots + b_p}$$

les coefficients a_1, a_2, ... b_1, b_2 ... étant constants. La série est convergente si $b_1 > a_1 + 1$; elle est divergente si $b_1 \leqslant a_1 + 1$.

18. Exemples. — Soit la série

$$1 - px - \frac{p\,(1 - p)}{1 \cdot 2}\,x^2 - \frac{p\,(1 - p)\,(2 - p)}{1 \cdot 2 \cdot 3}\,x^3 - \ldots$$

$$- \frac{p\,(1 - p)\,\ldots\,(n - 1 - p)}{1 \cdot 2 \ldots n}\,x^n - \ldots$$

qui représente le développement de $(1 - x)^p$ par la formule du binôme de Newton. Si p était entier positif, on aurait un nombre limité de termes. Supposons $x > 0$ et p négatif, ou positif mais non entier.

$$u_n = - \frac{p\,(1 - p)\,\ldots\,(n - 2 - p)}{1 \cdot 2 \ldots (n - 1)}\,x^{n-1}$$

$$u_{n+1} = - \frac{p\,(1 - p)\,\ldots\,(n - 1 - p)}{1 \cdot 2 \ldots n}\,x^n = u_n\,\frac{n - 1 - p}{n}\,x$$

$$\frac{u_{n+1}}{u_n} = \frac{n - 1 - p}{n}\,x$$

quel que soit p, si $x > 0$, lorsque $n > 1 + p$, $\frac{u_{n+1}}{u_n}$ est positif, les termes sont de même signe à partir d'un rang déterminé. $\frac{u_{n+1}}{a_n}$ a pour limite x. La règle de Dalembert montre que, si $0 < x < 1$ la série est convergente. Si $x > 1$ elle est divergente.

Si $x = 1$,

$$\frac{u_{n+1}}{u_n} = 1 - \frac{1 + p}{n}$$

$$\left(1 - \frac{u_{n+1}}{u_n}\right)\,n = 1 + p$$

la règle de Raabe montre que la série est convergente si $p > 0$, divergente si $p < 0$. Lorsque $p = 0$ elle se réduit au premier terme.

Soit la série :

$$x + \frac{1}{2}\,\frac{x^3}{3} + \frac{1 \cdot 3}{2 \cdot 4}\,\frac{x^5}{5} + \ldots + \frac{1 \cdot 3 \ldots (2n - 1)}{2 \cdot 4 \ldots 2n}\,\frac{x^{2n+1}}{2n + 1} + \ldots$$

qui représente arc sin x, car sa dérivée représente le développement de $(1 - x^2)^{-\frac{1}{2}}$, dérivée de arc sin x. On a :

$$u_n = \frac{1 \cdot 3 \dots (2n - 3)}{2 \cdot 4 \dots (2n - 2)} \cdot \frac{x^{2n-1}}{2n - 1}$$

$$u_{n+1} = \frac{1 \cdot 3 \dots (2n - 1)}{2 \cdot 4 \dots 2n} \cdot \frac{x^{2n+1}}{2n + 1}$$

$$\frac{u_{n+1}}{u_n} = \frac{2n - 1}{2n} \cdot \frac{2n - 1}{2n + 1} x^2$$

ce rapport a pour limite x^2. Si $0 < x < 1$ la série est convergente. Si $x > 1$ elle est divergente. Si $x = 1$, on a :

$$\frac{u_{n+1}}{u_n} = \frac{4n^2 - 4n + 1}{4n^2 + 2n} = \frac{n^2 - n + \frac{1}{4}}{n^2 + \frac{1}{2}n}.$$

En appliquant la règle de Gauss on a : $a = -1$, $b = \frac{1}{2} > a + 1$, la série est convergente.

Pour la série

$$1 + \frac{3}{2}\frac{1}{5} + \frac{3 \cdot 5}{2 \cdot 4}\frac{1}{7} + \dots + \frac{3 \cdot 5 \dots (2n + 1)}{2 \cdot 4 \dots 2n}\frac{1}{2n + 3} + \dots$$

on a

$$\frac{u_{n+1}}{u_n} = \frac{2n + 1}{2n}\frac{2n + 1}{2n + 3} = \frac{4n^2 + 4n + 1}{4n^2 + 6n} = \frac{n^2 + n + \frac{1}{4}}{n^2 + \frac{3}{2}n}.$$

En appliquant la règle de Gauss on a : $a = 1$, $b = \frac{3}{2} < a + 1$, la série est divergente.

19. Règle déduite de nu_n. — En comparant directement les termes d'une série Σu_n à ceux de la série harmonique, on voit que si, à partir d'un rang p déterminé, nu_n reste supérieur à un nombre positif A, la série est divergente, car on aura :

$$u_n > \frac{A}{n} \quad , \quad n > p.$$

La comparaison avec la série (4) (n° **14**) montre que, s'il existe un nombre $a > 0$ tel que

$$n^{1+a}u_n < A$$

la série est convergente.

Soit l la plus petite limite de nu_n, lorsque n augmente indéfiniment, $\mathcal{L}$ sa plus grande limite. Si $l > 0$ la série est divergente. Si $l = 0$ et $\mathcal{L} > 0$ on ne peut rien en conclure, car $n^{1+a}u_n$ a une plus grande limite infinie pour toute valeur positive de a.

Supposons $l = \mathcal{L} = 0$, c'est-à-dire que nu_n tend vers zéro. En prenant les logarithmes, on a :

$$L\left(n^{1+a}u_n\right) = (1 + a)\, Ln + Lu_n = \left(1 + a + \frac{Lu_n}{Ln}\right) Ln.$$

Si, à partir d'un rang déterminé, $1 + \dfrac{Lu_n}{Ln}$, ou $\dfrac{Lnu_n}{Ln}$, reste inférieur à un nombre négatif $-b$, on pourra prendre $a < b$, par exemple $a = \dfrac{b}{2}$, alors

$$L\left(n^{1+a}u_n\right) < -\frac{b}{2}\, Ln$$

qui tend vers $-\infty$, $n^{1+a}u_n$ tend vers 0, la série est convergente. On voit que :

Si, à partir d'un rang déterminé, $\dfrac{Lu_n}{L_n}$ reste inférieur à un nombre $-1 - a < -1$, la série Σu_n est convergente.

Cette règle suppose que nu_n tend vers zéro, alors Lnu_n est négatif, à partir d'un rang déterminé ; il faut, en outre, que la plus grande limite de $\dfrac{Lnu_n}{Ln}$ soit plus petite que zéro, c'est-à-dire qu'elle **ne soit pas nulle.**

Si $\dfrac{Lnu_n}{Ln}$ tend vers zéro, on pourra chercher de nouvelles règles en partant de séries connues, soit convergentes soit divergentes. auxquelles les règles précédentes ne s'appliqueront pas.

20. Séries de comparaison. — Soit $M_1, M_2, M_3,\dots M_n,\dots$ une suite de nombres positifs, qui vont en augmentant, et augmentent indéfiniment,

$$M_1 < M_2\dots \quad < M_n < M_{n+1}\dots$$

La série

$$L\,\frac{M_2}{M_1}\,.\ L\,\frac{M_3}{M_2},\dots\ L\,\frac{M_{n+1}}{M_n}\,\dots$$

dont le terme général u_n est le logarithme de $\frac{M_{n+1}}{M_n}$, est divergente. En effet :

$$S_n = L\,\frac{M_2}{M_1} + L\,\frac{M_3}{M_2} + \dots + L\,\frac{M_{n+1}}{M_n} = L\,\frac{M_2 M_3\,\dots\,M_{n+1}}{M_1 M_2\,\dots\,M_n} = L\,\frac{M_{n+1}}{M_1}$$

augmente indéfiniment avec n, puisque $\frac{M_{n+1}}{M_1}$ augmente indéfiniment.

La série dont le terme général est

$$u_n = \frac{M_{n+1} - M_n}{M_{n+1}} > 0$$

est aussi divergente. En effet, si u_n ne tend pas vers zéro, lorsque n augmente indéfiniment, la série est divergente (n° **3**). Si u_n tend vers zéro, $\frac{M_n}{M_{n+1}}$ aura pour limite 1, ainsi que $\frac{M_{n+1}}{M_n}$. Posons :

$$\frac{M_{n+1}}{M_n} = x$$

$$\frac{L\,\frac{M_{n+1}}{M_n}}{\frac{M_{n+1} - M_n}{M_{n+1}}} = \frac{Lx}{1 - \frac{1}{x}} = x\,\frac{Lx}{x - 1}.$$

Pour $x = 1$ cette expression a la même limite que $\frac{Lx}{x - 1}$ ou 1, ce que l'on voit en prenant le rapport des dérivées $\frac{\frac{1}{x}}{1}$. La série $\sum L\,\frac{M_{n+1}}{M_n}$ étant divergente, la série $\sum \frac{M_{n+1} - M_n}{M_{n+1}}$ est aussi divergente (n° **8**).

Soit a un exposant positif. La série dont le terme général est

$$u_n = \frac{1}{M^a_n} - \frac{1}{M^a_{n+1}}$$

est convergente. En effet :

$$S_n = \left(\frac{1}{M^a_1} - \frac{1}{M^a_2}\right) + \left(\frac{1}{M^a_2} - \frac{1}{M^a_3}\right) + \dots + \left(\frac{1}{M^a_{n-1}} - \frac{1}{M^a_n}\right)$$
$$+ \left(\frac{1}{M^a_n} - \frac{1}{M^a_{n+1}}\right) = \frac{1}{M^a_1} - \frac{1}{M^a_{n+1}}$$

comme M_{n+1} augmente indéfiniment avec n, $\dfrac{1}{M^a_{n+1}}$ tend vers zéro,

S_n a pour limite $\dfrac{1}{M^a_1}$.

Supposons $0 < a < 1$.

$$\frac{1}{M^a_n} - \frac{1}{M^a_{n+1}} = \frac{1}{M^a_n}\left(1 - \left(\frac{M_n}{M_{n+1}}\right)^a\right).$$

Posons $\dfrac{M_n}{M_{n+1}} = 1 - x$, $0 < x < 1$, puisque $0 < \dfrac{M_n}{M_{n+1}} < 1$.
La fonction $y = 1 - (1 - x)^a - ax$, a pour dérivée

$$y' = a(1 - x)^{a-1} - a = a\left[\left(\frac{1}{1-x}\right)^{1-a} - 1\right] > 0$$

car $\dfrac{1}{1-x} > 1$ et $1 - a > 0$. y est nul pour $x = 0$ et augmente avec x. Donc

$$1 - (1 - x)^a > ax$$

$$1 - \left(\frac{M_n}{M_{n+1}}\right)^a > a\left(1 - \frac{M_n}{M_{n+1}}\right)$$

$$\frac{1}{M^a_n} - \frac{1}{M^a_{n+1}} > a\frac{M_{n+1} - M_n}{M^a_n M_{n+1}}.$$

Il en résulte que la série dont le terme général est $u_n = \dfrac{M_{n+1} - M_n}{M_{n+1}M^a_n}$
est convergente. car ce terme positif est inférieur au terme
$\dfrac{1}{a}\left(\dfrac{1}{M^a_n} - \dfrac{1}{M^a_{n+1}}\right)$ d'une série convergente.

Comme M^a_n augmente avec a; si $a \geqslant 1$ la série de terme général $\dfrac{M_{n+1} - M_n}{M_{n+1}M^a_n}$ est, à fortiori, convergente. Il suffit donc que
$a > 0$.

En remarquant que $M_{n+1} > M_n$, on a les deux inégalités :

$$\frac{M_{n+1} - M_n}{M_n} > \frac{M_{n+1} - M_n}{M_{n+1}}$$

$$\frac{M_{n+1} - M_n}{M_{n+1}^{1+a}} < \frac{M_{n+1} - M_n}{M_{n+1}M^a_n}.$$

Donc la série dont le terme général est $u_n = \dfrac{M_{n+1} - M_n}{M_n}$ est divergente.

La série dont le terme général est $u_n = \dfrac{M_{n+1} - M_n}{M_{n+1}^{1+a}}$ est convergente, si $a > 0$.

21. Exemples. — Si $M_n = n$, $M_{n+1} - M_n = n + 1 - n = 1$,

$$\frac{M_{n+1} - M_n}{M_n} = \frac{1}{n} \quad , \quad \frac{M_{n+1} - M_n}{M_{n+1}^{1+a}} = \frac{1}{(n + 1)^{1+a}}$$

on retrouve la série harmonique divergente, et la série convergente $\sum \dfrac{1}{n^{1+a}}$ (n° **14**).

Prenons maintenant pour M_n le logarithme népérien de n, qui augmente indéfiniment, mais moins vite que n, puisque $\dfrac{Ln}{n}$ tend vers zéro. Nous poserons

$$M_n = Ln \quad , \quad M_{n+1} - M_n = L(n + 1) - Ln = L\frac{n + 1}{n} = - L\frac{n}{n + 1}$$

en supposant $n > 1$, pour que $Ln > 0$. On obtient la série divergente $\sum \dfrac{L\left(1 + \dfrac{1}{n}\right)}{Ln}$ et la série convergente $\sum \dfrac{- L\left(1 - \dfrac{1}{n + 1}\right)}{[L(n + 1)]^{1+a}}$

que l'on peut écrire $\sum \dfrac{- L\left(1 - \dfrac{1}{n}\right)}{(Ln)^{1+a}}$.

Mais, si x est positif, la fonction

$$y = L(1 + x) - x$$

est nulle pour $x = 0$, et diminue quand x augmente, car sa dérivée est :

$$y' = \frac{1}{1 + x} - 1 = \frac{- x}{1 + x} < 0.$$

Donc y reste négatif si $x > 0$

$$L(1 + x) < x.$$

Si $0 < x < 1$, la fonction $- L(1 - x) - x$, qui est nulle pour $x = 0$, augmente avec x, et reste positive, car sa dérivée est

$$\frac{1}{1 - x} - 1 = \frac{x}{1 - x} > 0$$

donc

$$- L(1 - x) > x.$$

On en déduit :

$$L \left(1 + \frac{1}{n}\right) < \frac{1}{n} \quad , \quad - L \left(1 - \frac{1}{n}\right) > \frac{1}{n}$$

$$\frac{1}{nLn} > \frac{L \left(1 + \frac{1}{n}\right)}{Ln} \quad , \quad \frac{1}{n(Ln)^{1+a}} < \frac{- L \left(1 - \frac{1}{n}\right)}{(Ln)^{1+a}}.$$

Il en résulte que la série $\sum \frac{1}{nLn}$ est divergente, son terme général étant supérieur à celui d'une série divergente. La série $\sum \frac{1}{n(Ln)^{1+a}}$, où $a > 0$, est convergente, son terme général étant inférieur à celui d'une série convergente.

Mais $L\, 1 = 0$, et on ne peut pas prendre $n = 1$. La série doit commencer au terme $\frac{1}{2\,(L2)^{1+a}}$ en posant

$$u_n = \frac{1}{(n + 1)\,(L\,(n + 1))^{1+a}}.$$

On peut aussi prendre pour u_1 une valeur abitraire, et $u_n = \frac{1}{n(Ln)^{1+a}}$.

22. Séries de Bertrand. — On formera de nouvelles séries convergentes, dont le terme u_n sera de plus en plus grand, ou des séries divergentes dont le terme u_n sera de plus en plus petit, en prenant pour M_n les logarithmes successifs de n. Posons :

$$L(Ln) = L_2 n \quad , \quad L(L_2 n) = L_3 n \quad , \quad L(L_{p-1} n) = L_p n.$$

En remarquant que la relation

$$y = Lx \quad \text{ou} \quad x = e^y$$

suppose $x > 0$; Lx n'est positif que si $x > 1$; et $Lx > 1$ si $x > e$.

$L_2 x$ suppose $Lx > 0$, ou $x > 1$; $L_2 x$ n'est positif que si $Lx > 1$, $x > e$; et $L_2 x > 1$ si $Lx > e$, $x > e^e$.

En général posons :

$$e^e = e_2 \quad , \quad e^{e^e} = e^{e_2} = e_3 \quad , \quad e^{e_{p-1}} = e_p.$$

On a :

$$Le_p = e_{p-1} \quad , \quad L_2(e_p) = Le_{p-1} = e_{p-2}$$
$$L_q(e_p) = e_{p-q} \quad \text{si} \quad q < p$$
$$L_p(e_p) = 1 \quad , \quad L_p(e_{p-1}) = 0$$

$L_p x$ suppose $x > e_{p-2}$; $L_p x$ n'est positif que si $x > e_{p-1}$; $L_p x > 1$ si $x > e_p$.

Les nombres e_p croissent avec une extrême rapidité,

$$e = 2,718.. \quad , \quad e_2 = 15,15.. \quad , \quad e_3 = 3814423,..$$

$e_4 > 10^{1656000}$, nombre qui écrit, avec des chiffres espacés de deux millimètres, aurait plus de trois kilomètres de longueur. L'ensemble de ces chiffres formerait un volume de 1 000 pages. Mais à chaque nombre entier p correspond un nombre e_p bien déterminé. Prenons $M_n = L_p n$, en supposant $n > e_p$ pour que M_n soit plus grand que 1. On obtiendra la série divergente $\sum \dfrac{L_p(n + 1) - L_p n}{L_p n}$, et la série convergente $\sum \dfrac{L_p(n + 1) - L_p n}{[L_p(n + 1)]^{1+a}}$ que l'on peut écrire $\sum \dfrac{L_p n - L_p(n - 1)}{(L_p n)^{1+a}}$. Les termes de rang inférieur à $1 + e_p$ pouvant être choisis arbitrairement. Mais on a :

$$L_p(n + 1) - L_p n = L\left(L_{p-1}(n + 1)\right) - L(L_{p-1}n)$$
$$= L\left(1 + \frac{L_{p-1}(n + 1) - L_{p-1}n}{L_{p-1}n}\right)$$

et comme (n° **21**)

$$L(1 + x) < x, \quad \text{si} \quad x > 0$$

$$L_p(n + 1) - L_p n < \frac{L_{p-1}(n + 1) - L_{p-1}n}{L_{p-1}n} < \frac{L_{p-2}(n + 1) - L_{p-2}n}{L_{p-1}n \cdot L_{p-2}n} < \dots$$

$$< \frac{L(n + 1) - Ln}{L_{p-1}n \cdot L_{p-2}n \dots L_2 n \cdot Ln} < \frac{1}{n Ln L_2 n \dots L_{p-1}n}.$$

La série dont le terme général, lorsque $n > e_p$ est

$$u_n = \frac{1}{n \cdot Ln \cdot L_2 n \dots L_p n}$$

est donc divergente, car u_n est plus grand que le terme

$$\frac{L_p(n + 1) - L_p n}{L_p n}$$

d'une série divergente.

On a aussi

$$L_p n - L_p(n-1) = -L\,\frac{L_{p-1}(n-1)}{L_{p-1}n} = -L\left(1 - \frac{L_{p-1}n - L_{p-1}(n-1)}{L_{p-1}n}\right)$$

et comme $-L(1-x) > x$, si $0 < x < 1$,

$$L_p n - L_p(n-1) > \frac{L_{p-1}n - L_{p-1}(n-1)}{L_{p-1}n} > \frac{L_{p-2}n - L_{p-2}(n-1)}{L_{p-1}n \cdot L_{p-2}n} > \ldots$$
$$> \frac{Ln - L(n-1)}{L_{p-1}n \cdot L_{p-2}n \ldots L_2 n \cdot Ln} > \frac{1}{n \cdot Ln \cdot L_2 n \ldots L_{p-1}n}.$$

La série dont le terme général, lorsque $n > e_p$, est

$$u_n = \frac{1}{n \cdot Ln \cdot L_2 n \ldots L_{p-1}n\,(L_p n)^{1+a}}$$

est convergente, car u_n est plus petit que le terme $\dfrac{L_p n - L_p(n-1)}{(L_p n)^{1+a}}$
d'une série convergente.

On a ainsi successivement les séries divergentes

$$\sum \frac{1}{n} \quad , \quad \sum \frac{1}{n \cdot Ln} \quad , \quad \sum \frac{1}{n \cdot Ln \cdot L_2 n} \quad \ldots \quad \sum \frac{1}{n \cdot Ln \cdot L_2 n \ldots L_p n}$$

et les séries convergentes, si $a > 0$:

$$\sum \frac{1}{n^{1+a}} , \quad \sum \frac{1}{n(Ln)^{1+a}} , \quad \sum \frac{1}{nLn(L_2 n)^{1+a}} , \quad \ldots \quad \sum \frac{1}{nLnL_2 n \ldots L_{p-1}n(L_p n)^{1+a}}$$

où p est un nombre entier quelconque, $n > e_p$, les termes de rang
inférieur à e_p étant choisis arbitrairement.

Soit c une quantité positive, la série

$$\sum \frac{1}{(n+c)L(n+c) \ldots L_{p-1}(n+c)\,\big(L_p(n+c)\big)^{1+a}}$$

est convergente ; ses termes sont plus petits que ceux de la précédente, car Lx, $L_2 x$, ... $L_p x$ augmentent avec x si $x > e_p$. La série

$$\sum \frac{1}{(n+c)L(n+c) \ldots L_p(n+c)}$$

est divergente, car si q est un nombre entier supérieur à c, cette
série a ses termes supérieurs à ceux de la série

$$\sum \frac{1}{(n+q)L(n+q) \ldots L_p(n+q)}$$

qui ne diffère de la série divergente $\sum \dfrac{1}{n\,\mathrm{L}n \ldots \mathrm{L}_p n}$ que par les q premiers termes qui ont été supprimés.

En particulier la série

$$\sum_0^\infty \frac{1}{(n+e_p)\,\mathrm{L}(n+e_p)\mathrm{L}_2(n+e_p) \ldots \mathrm{L}_{p-1}(n+e_p)[\mathrm{L}_p(n+e_p)]^{1+a}}$$

où n prend les valeurs entières, 0, 1, ... est convergente si $a > 0$, divergente si $a = 0$.

23. Règles de Bertrand. — En comparant une série donnée à la série précédente, on voit que :

Si, à partir d'un rang déterminé, on a $u_n < \dfrac{1}{n\,\mathrm{L}n \ldots \mathrm{L}_{p-1}n(\mathrm{L}_p n)^{1+a}}$, $a > 0$, *la série* Σu_n *est convergente.*

Cette inégalité peut s'écrire :

$$\mathrm{L}u_n + \mathrm{L}n + \mathrm{L}_2 n + \ldots + \mathrm{L}_p n + \mathrm{L}_{p+1} n < - a\mathrm{L}_{p+1} n$$

on peut remplacer p par $p - 1$, et supposer $n > e_p$, $\mathrm{L}_p n > 1$. Si, à partir d'un rang déterminé $-\dfrac{\mathrm{L}u_n + \mathrm{L}n + \mathrm{L}_2 n \ldots + \mathrm{L}_p n}{\mathrm{L}_p n}$ reste inférieur à un nombre $- a$, la série Σu_n est convergente.

La comparaison avec la série divergente, obtenue pour $a = 0$, montre que :

Si, à partir d'un rang déterminé, on a $u_n > \dfrac{1}{n\mathrm{L}n\mathrm{L}_2 n \ldots \mathrm{L}_p n}$, *la série* Σu_n *est divergente.*

Cette inégalité s'écrit :

$$\mathrm{L}u_n + \mathrm{L}n + \mathrm{L}_2 n + \ldots + \mathrm{L}_{p+1} n > 0.$$

En remplaçant p par $p - 1$, on voit que, si à partir d'un rang déterminé, $\dfrac{\mathrm{L}u_n + \mathrm{L}n + \mathrm{L}_2 n + \ldots + \mathrm{L}_p n}{\mathrm{L}_p n}$ reste positif, la série Σu_n est divergente.

On est conduit à chercher la plus petite limite l_p, et la plus grande limite $\mathfrak{L}_p$, de $\dfrac{\mathrm{L}u_n + \mathrm{L}n + \mathrm{L}_2 n + \ldots + \mathrm{L}_p n}{\mathrm{L}_p n}$ lorsque, p restant fixe, n augmente indéfiniment. Si ces deux nombres sont négatifs, c'est-à-dire si $l_p < \mathfrak{L}_p < 0$, en choisissant a compris entre $\mathfrak{L}_p$ et 0, on voit que la série u est convergente. Si l_p est positif, ou $0 < l_p < \mathfrak{L}_p$, la série est divergente. Mais si l'une de ces limites est nulle, ou si elles sont de signes contraires, cette règle de Bertrand n'indique rien.

On peut remarquer que

$$\frac{Lu_n + Ln + L_2n + \ldots + L_{p+1}n}{L_{p+1}n} = 1 + \frac{L_p n}{L_{p+1}n} \cdot \frac{Lu_n + Ln + L_2n + \ldots + L_p n}{L_p n}$$

$\frac{L_p n}{L_{p+1}n} = \frac{L_p n}{L(L_p n)}$ augmente indéfiniment avec $L_p n$, et avec n. Il en résulte que, si la limite l_p est négative, l_{p+1} est égal a $-\infty$; si $l_p > 0$, l_{p+1} est égal à $+\infty$. De même si $\mathfrak{L}_p$ n'est pas nul, $\mathfrak{L}_{p+1}$ est infini avec le même signe que $\mathfrak{L}_p$. Les nombres successifs l_1, l_2, ..., l_p..., peuvent être nuls ; mais, si l'un n'est pas nul, les suivants ont le même signe. On est ainsi conduit à chercher la plus petite limite, pour $n = \infty$, de chacune des quantités

$$\frac{Lu_n + Ln}{Ln}, \quad \frac{Lu_n + Ln + L_2n}{L_2n}, \quad \ldots \quad \frac{Lu_n + Ln + L_2n + \ldots + L_p n}{L_p n}, \quad \ldots$$

jusqu'à ce qu'on en trouve une non nulle. De même pour la plus grande limite. Si on trouve un rang p déterminé, tel que ces deux limites extrêmes soient de même signe, si elles sont négatives la série Σu_n est convergente ; si elles sont positives la série est divergente.

Les limites l_{p+1} et $\mathfrak{L}_{p+1}$ sont alors égales à $-\infty$ dans le premier cas, à $+\infty$ dans le second.

Si on trouve deux limites l_p, $\mathfrak{L}_p$ de signes contraires, les règles de Bertrand n'indiquent rien. Dans ce cas $l_{p+1} = -\infty$, $\mathfrak{L}_{p+1} = +\infty$.

Les règles de Bertrand ne peuvent pas s'appliquer dans le cas où les plus petites limites l_p sont nulles, quel que soit p ; ou si $\mathfrak{L}_p$ reste nul pour toute valeur de p.

24. Deuxième méthode. — Dans la série convergente dont le terme général est $v_n = \dfrac{1}{n \cdot Ln \cdot L_2 n \ldots L_{p-1} n (L_p n)^{1+a}}$, lorsque $n > c_p$, formons le rapport d'un terme au précédent, $\dfrac{u_{n+1}}{u_n}$. De l'inégalité déjà obtenue (n° **22**) :

$$L_p(n+1) - L_p n < \frac{1}{n L n L_2 n \ldots L_{p-1} n}$$

on déduit .

$$\frac{L_p n}{L_p(n+1)} > 1 - \frac{1}{n.Ln.L_2 n \dots L_{p-1} n.L_p(n+1)} > 1 - \frac{1}{n.Ln.L_2 n \dots L_{p-1} n.L_p n}$$

et :

$$\frac{n}{n+1}\,\frac{Ln}{L(n+1)} > \left(1 - \frac{1}{n}\right)\left(1 - \frac{1}{nLn}\right) > 1 - \frac{1}{n} - \frac{1}{nLn}$$

$$\frac{n}{n+1}\,\frac{Ln}{L(n+1)}\,\frac{L_2 n}{L_2(n+1)} > \left(1 - \frac{1}{n} - \frac{1}{nLn}\right)\left(1 - \frac{1}{nLnL_2 n}\right)$$

$$> 1 - \frac{1}{n} - \frac{1}{nLn} - \frac{1}{nLnL_2 n}$$

$$\cdot \quad \cdot \quad \cdot \quad \cdot \quad \cdot \quad \cdot \quad \cdot \quad \cdot \quad \cdot \quad \cdot \quad \cdot \quad \cdot \quad \cdot$$

$$\frac{n.Ln \dots L_{p-1} n}{(n+1)L(n+1)\dots L_{p-1}(n+1)}$$

$$> 1 - \frac{1}{n} - \frac{1}{nLn} - \frac{1}{nLnL_2 n} - \cdots - \frac{1}{nLnL_2 n \dots L_{p-1} n}$$

$$\left(\frac{L_p n}{L_p(n+1)}\right)^{1-a} > \left(1 - \frac{1}{nLn \dots L_p n}\right)^{1+a} > 1 - \frac{1+a}{nLn \dots L_p n}$$

car, si $0 < x < 1$, $a > 0$ la fonction

$$y = (1 - x)^{1+a} - 1 + (1+a)x$$

est positive, puisqu'elle est nulle pour $x = 0$, et augmente avec x, sa dérivée $y' = (1+a)\left[1 - (1-x)^a\right]$ étant positive. Donc :

$$\frac{v_{n+1}}{v_n} = \frac{n.Ln.L_2 n \dots L_{p-1} n (L_p n)^{1+a}}{(n+1)L(n+1)L_2(n+1)\dots L_{p-1}(n+1)\left(L_p(n+1)\right)^{1-a}}$$

$$> \left(1 - \frac{1}{n} - \frac{1}{nLn} \cdots - \frac{1}{nLn \dots L_{p-1} n}\right)\left(1 - \frac{1+a}{nLn \dots L_p n}\right)$$

$$> 1 - \frac{1}{n} - \frac{1}{nLn} - \cdots - \frac{1}{nLnL_2 n \dots L_{p-1} n} - \frac{1+a}{nLnL_2 n \dots L_p n}$$

Donc, si, à partir d'un rang déterminé, on a :

$$\frac{u_{n+1}}{u_n} < 1 - \frac{1}{n} - \frac{1}{nLn} - \cdots - \frac{1}{nLn \dots L_{p-1} n} - \frac{1+a}{nLn \dots L_p n}$$

la série Σu_n est convergente, car on aura $\dfrac{u_{n+1}}{u_n} < \dfrac{v_{n+1}}{v_n}$.

Considérons, de même, la série divergente, dont le terme général est $v_n = \dfrac{1}{(n-1)L(n-1)\ldots L_{p-1}(n-1)}$, lorsque $n > 1 + e_{p+1}$.

De l'inégalité (n° **22**) :

$$L_p n - L_p(n-1) > \frac{1}{nLn \ldots L_{p-1}n}$$

on déduit :

$$\frac{L_p(n-1)}{L_p n} < 1 - \frac{1}{nL\,nL_2 n \ldots L_p n}.$$

Posons :

$$x_0 = \frac{1}{n} \quad , \quad x_1 = \frac{1}{nLn}, \quad \ldots \quad x_p = \frac{1}{nLn \ldots L_p n}.$$

On a :

$$\frac{v_{n+1}}{v_n} = \frac{(n-1)L(n-1)\ldots L_{p+1}(n-1)}{nLn \ldots L_{p+1}n} < (1-x_0)(1-x_1)\ldots(1-x_{p+1}).$$

Mais

$$(1-x_0)(1-x_1)(1-x_2) < 1 - x_0 - x_1 - x_2 + x_0 x_1 + x_0 x_2 + x_1 x_2$$

$$(1-x_0)(1-x_1)(1-x_2)(1-x_3)$$

$$< 1 - x_0 - x_1 - x_2 - x_3 + x_0 x_1 + x_0 x_2 + x_0 x_3 + x_1 x_2 + x_1 x_3 + x_2 x_3$$

$$\cdot \quad \cdot \quad \cdot \quad \cdot \quad \cdot \quad \cdot \quad \cdot \quad \cdot \quad \cdot \quad \cdot \quad \cdot \quad \cdot \quad \cdot \quad \cdot \quad \cdot$$

$$(1-x_0)(1-x_1)\ldots(1-x_{p+1}) < 1 - \sum_{n=0}^{p+1} x_n + \Sigma x_n x_m$$

et comme $L_{p+1}n > 1$, $x_0 > x_1 > \ldots > x_{p+1}$, chacun des $\dfrac{(p+1)(p+2)}{2}$ termes de $\Sigma x_n x_m$ est inférieur au premier $x_0 x_1$ donc

$$\frac{v_{n+1}}{v_n} < 1 - \frac{1}{n} - \frac{1}{nLn} \cdots - \frac{1}{nLn \ldots L_{p+1}n} + \frac{(p+1)(p+2)}{2\,n^2 Ln}.$$

Les deux derniers termes ont une somme négative ; en effet, si $p = 0$, $\dfrac{1}{n^2 Ln} < \dfrac{1}{nLn}$, car $n > e > 1$. Si $p \geqslant 1$, il est facile de vérifier (n° **22**) que

$$e_{p+1} > (e_p)^{2^p}$$

ou

$$Le_{p+1} = e_p > 2\,p\,e_{p-1}$$

$$\frac{n}{L_2 n \ldots L_{p+1} n} > \frac{n}{(L_2 n)^p}$$

expression qui augmente avec n, car sa dérivée par rapport à n a le signe de $L_2 n L n - p > e_{p-1} c_p - p > p\,(2\,e^2_{p-1} - 1) > 0$ car on suppose $n > e_{p+1}$. Donc :

$$\frac{n}{(L_2 n)^p} > \frac{e_{p+1}}{(e_{p-1})^p} > \left(\frac{e^2_p}{e_{p-1}}\right)^p > (2\,p\,e_p)^p > (4\,p)^p > \frac{(p+1)\,(p+2)}{2}$$

pour toute valeur entière de p.

$$\frac{(p+1)\,(p+2)}{2\,n^2 L n} < \frac{1}{n L n \ldots L_{p+1} n}$$

$$\frac{u_{n+1}}{v_n} < 1 - \frac{1}{n} - \frac{1}{n L n} - \frac{1}{n L n L_2 n} - \cdots - \frac{1}{n L n L_2 n \ldots L_p n}.$$

Donc si, à partir d'un rang déterminé, on a

$$\frac{u_{n+1}}{u_n} > 1 - \frac{1}{n} - \frac{1}{n L n} - \cdots - \frac{1}{n L n L_2 n \ldots L_p n}$$

la série Σu_n est divergente, car on aura :

$$\frac{u_{n+1}}{u_n} > \frac{v_{n+1}}{v_n}.$$

Posons

$$X_p = \left(\frac{u_{n+1}}{u_n} - 1 + \frac{1}{n} + \frac{1}{n L n} + \cdots + \frac{1}{n L n L_2 n \ldots L_p n}\right) n L n \ldots L_p n.$$

Si, à partir d'un rang déterminé, $X_p < - a < 0$ la série Σu_n est convergente. Si $X_p > 0$ elle est divergente. On est ainsi conduit à chercher la plus petite limite l_p et la plus grande limite $\mathfrak{L}_p$ de X_p, lorsque, p restant fixe, n augmente indéfiniment.

Si $l_p > 0$ la série est divergente, si $\mathfrak{L}_p < 0$ la série est convergente.

On aura :

$$X_{p+1} = 1 + X_p L_{p+1} n$$

il en résulte que, si $l_p > 0$, $l_{p+1} = +\infty$; si $l_p < 0$, $l_{p+1} = -\infty$. De même pour $\mathfrak{L}_p$.

Si, pour une valeur p, l_p et $\mathcal{L}_p$ sont positifs, X_{p+1} augmente indéfiniment avec n, la série est divergente. Si l_p et $\mathcal{L}_p$ sont négatifs, X_{p+1} tend vers $-\infty$, la série est convergente.

25. Ordre des termes. — On ne change pas la somme d'une série à termes positifs, si on change, d'une façon arbitraire, l'ordre des termes.

Dans toute série on peut changer l'ordre d'un nombre fini de termes (n° **5**). Si la série est convergente, sa somme ne change pas. Si elle est divergente, elle reste divergente. Dans une série à termes positifs on peut même changer l'ordre des termes arbitrairement. Soient deux séries à termes positifs

$$(u) \qquad u_1, u_2, \ldots, u_n, \ldots$$
$$(v) \qquad v_1, v_2, \ldots, v_m, \ldots$$

supposons, par exemple, que l'on ait, quel que soit le nombre entier p :

$$u_{2p} = v_{3p} \quad , \quad u_{4p-1} = v_{3p-1} \quad , \quad u_{4p-3} = v_{3p-2}$$

les deux séries ont les mêmes termes, mais dans (v) ils sont dans l'ordre :

$$u_1, u_3, u_2, u_5, u_7, u_4, \ldots, u_{4p-3}, u_{4p-1}, u_{2p}, u_{4p-1}, \ldots$$

Deux séries (u) et (v) auront les mêmes termes si on peut associer deux par deux les indices n et m de termes égaux $u_n = v_m$, de façon qu'à tout nombre donné n corresponde le terme v_m égal à u_n, et qu'à tout indice m corresponde le terme u_n égal à v_m. Chaque terme d'une série correspond à un terme bien déterminé de l'autre, et inversement. Les deux termes qui se correspondent ayant la même valeur numérique.

Supposons la série (u) convergente :

$$S_n = u_1 + u_2 + \ldots + u_n \text{ a une limite S.}$$

Soit $T_m = v_1 + v_2 + \ldots + v_m$. A chaque terme de T_m correspond un terme égal de (u), soit n le plus grand des indices de ces termes, $n \geqslant m$. S_n comprend tous les termes de T_m, et peut en comprendre d'autres. Donc :

$$T_m \leqslant S_n < S$$

T_m restant inférieur à S, quel que soit m, la série (v) est convergente, et a une somme $T \leqslant S$.

Mais on peut démontrer de la même manière que $S \leqslant T$. Donc $T = S$.

Si la série (u) est divergente, la série (v) est aussi divergente ; car, si elle était convergente, (u) serait aussi convergente, et aurait la même somme. Dans ce cas $T = S = \infty$.

On peut ainsi, sans changer la somme, finie ou infinie, d'une série à termes positifs, changer l'ordre des termes d'une façon arbitraire. C'est ce qu'on exprime en disant que la convergence est absolue.

On verra plus loin (n° **38**) qu'il y a des séries à convergence relative, dont la valeur peut changer avec l'ordre des termes.

26. Séries doubles. — Considérons une suite successive de séries convergentes, à termes positifs :

$$u_1 = v_{1,1} + v_{1,2} + \ldots + v_{1,m} + \ldots$$
$$u_2 = v_{2,1} + v_{2,2} + \ldots + v_{2,m} + \ldots$$
$$\cdot \quad \cdot \quad \cdot \quad \cdot \quad \cdot \quad \cdot \quad \cdot \quad \cdot \quad \cdot$$
$$u_n = v_{n,1} + v_{n,2} + \ldots + v_{n,m} + \ldots$$
$$\cdot \quad \cdot \quad \cdot \quad \cdot \quad \cdot \quad \cdot \quad \cdot \quad \cdot$$

et supposons que la série Σu_n soit convergente. Soit

$$x_n = v_{1,n} + v_{2,n-1} + v_{3,n-2} + \ldots + v_{n,1}.$$

La série Σx_n est aussi convergente et a la même somme que Σu_n. En effet, la somme des m premières séries $u_1 + u_2 + \ldots + u_m$ est égale à la série (n° **6**) dont le terme général est

$$v_{1,n} + v_{2,n} + \ldots + v_{m,n} ;$$

mais, en décomposant ce terme en m termes, on a une série convergente dont on peut changer l'ordre des termes, ainsi :

$$u_1 + u_2 + \ldots + u_m = v_{1,1} + (v_{1,2} + v_{2,1}) + \ldots +$$
$$(v_{1,m} + v_{2,m-1} + \ldots + v_{m,1}) + (v_{1,m+1} + v_{2,m} + \ldots + v_{m,2}) + \ldots$$

Les m premiers termes sont $x_1,\ x_2,\ldots\ x_m$, les autres sont inférieurs à $x_{m+1},\ x_{m+2},\ldots$

On a donc :

$$x_1 + x_2 + \ldots + x_m < u_1 + u_2 + \ldots + u_m < \overset{\infty}{\underset{1}{\Sigma}} x_n$$

$\overset{m}{\underset{1}{\Sigma}} x_n$ restant inférieur à la somme de la série convergente Σu_n, la série Σx_n est convergente. Si m augmente indéfiniment, le premier membre a pour limite $\overset{\infty}{\underset{1}{\Sigma}} x_n$, $\overset{m}{\underset{1}{\Sigma}} u_n$ a donc la même limite.

Dans la série Σx_n, on peut décomposer x_n en n termes v, on a une série convergente dont le terme $v_{n,m}$ a le rang

$$\frac{(n + m - 1)\,(n + m - 2)}{2} + n.$$

Mais on peut changer l'ordre de ses termes arbitrairement, et remplacer une série Σu_n par une série double à termes positifs. La valeur sera la même quel que soit la façon dont on calcule la somme, pourvu qu'on prenne tous les termes.

27. Cas particulier. — Si le terme général u_n d'une série tend vers zéro, on peut toujours ranger les termes dans un ordre tel que les règles de Bertrand n'indiquent rien.

Si la série Σu_n est convergente, on choisira une suite illimitée de termes d'indices croissants u_{n_1}, u_{n_2},... u_{n_p},... et des nombres entiers croissants v_1, v_2,... v_p,... tels que

$$v_1 u_{n_1} > 1,\ v_2 u_{n_3} > 1,\ldots v_p u_{n_p} > 1.$$

On pourra changer l'ordre des termes de façon à donner au terme u_{n_p} le rang v_p, pour chaque valeur de p ; alors, pour une suite illimitée $\mathrm{L}n u_n > 0$, $\dfrac{\mathrm{L}n u_n + \mathrm{L}_2 n}{\mathrm{L}_2 n} > 1$, les règles de Bertrand ne pourront pas démontrer la convergence.

Si la série est divergente, et si u_n tend vers zéro, aux nombres entiers v_1, v_2,..., v_p,..., on peut faire correspondre des termes d'indices croissants, tels que

$$v^2_1 u_{n_1} < 1,\ v^2_2 u_{n_2} < 1,\ldots v^2_p u_{n_p} < 1,\ldots$$

car il existe toujours un terme u_{n_p}, inférieur à $\dfrac{1}{v^2_p}$, de rang supérieur à n_{p-1}. On pourra changer l'ordre des termes de façon que u_{n_p} prenne le rang v_p. Alors, pour une suite illimitée de termes

$$n^2 u_n < 1, \quad \frac{\mathrm{L} n u_n}{\mathrm{L} n} < -1 ;$$

les règles de Bertrand ne pourront pas démontrer la divergence.

Soit, par exemple :

$$u_{2^v} = k^{2^v+1} \quad , \quad u_{2^v+p} = k^{2(2^v+p-v-1)}$$

$$v = 0, 1, 2,\dots \qquad 0 < p < 2^v.$$

Il est facile de vérifier que les indices de u, et les exposants de k prennent toutes les valeurs entières.

Supposons

$$\frac{1}{\sqrt{2}} < k < 1.$$

Si

$$n = 2^v, \quad \frac{\mathrm{L}(n u_n)}{\mathrm{L} n} = \frac{2\mathrm{L}(k\sqrt{2})}{\mathrm{L} 2} + \frac{\mathrm{L} k}{v \mathrm{L} 2}$$

a pour limite $\dfrac{2}{\mathrm{L} 2} \mathrm{L}(k\sqrt{2}) > 0$, si v augmente indéfiniment.

Si

$$n = 2^v + 1, \quad \frac{\mathrm{L}(n u_n)}{\mathrm{L} n} = 1 + \frac{(2^v - v)\, 2\,\mathrm{L} k}{v \mathrm{L} 2 + \mathrm{L}\left(1 + \dfrac{1}{2^v}\right)}.$$

tend vers $-\infty$. Les règles de Bertrand ne peuvent pas s'appliquer. Mais, en changeant l'ordre des termes, on a la progression géométrique convergente $\overset{\infty}{\underset{1}{\Sigma}} k^n$.

Soit :

$$u_{2v-1} = \frac{1}{v^2} \quad , \quad u_{2(v^2+p-v)} = \frac{1}{v^2 + p}$$

$$v = 1, 2, 3 \dots \quad , \quad 0 < p \leqslant 2v.$$

Les indices de u, et les dénominateurs v^2, $v^2 + p$, prennent toutes les valeurs entières.

Si

$$n = 2v - 1 \quad . \quad \frac{\mathrm{L} n u_n}{\mathrm{L} n} = 1 - \frac{2\,\mathrm{L} v}{\mathrm{L}(2v - 1)}$$

a pour limite -1.

Si

$$n = 2\,v^2 \quad , \quad p = v \quad , \quad nu_n = \frac{2\,v^2}{v^2 + v}$$

a pour limite 2, $\dfrac{\mathrm{L}nu_n + \mathrm{L}_2n}{\mathrm{L}_2n}$ a pour limite $+\,1$. Les règles de Bertrand ne s'appliquent pas. Mais, en changeant l'ordre des termes, on a la série harmonique divergente $\displaystyle\sum_1^\infty \frac{1}{n}$.

On pourrait, avant d'appliquer les règles de convergence, rétablir les termes dans l'ordre de grandeur décroissante. Mais cela n'est pas toujours aussi facile.

Quant aux règles de Bertrand déduites du rapport $\dfrac{u_{n+1}}{u_n}$ (n° **24**), elles sont souvent utiles, quand elles conduisent à des calculs simples; mais, théoriquement, elles se ramènent à la comparaison directe (n° **9**). Du reste, elles ne peuvent montrer la convergence que si les termes décroissent, à partir d'un rang déterminé.

Les règles de Bertrand n'indiquent rien également si $\dfrac{\mathrm{L}u_n + \mathrm{L}n + \ldots + \mathrm{L}_pn}{\mathrm{L}_pn}$ tend vers zéro, quel que soit p.

28. **Exemple.** — A chacun des nombres entiers $1,\ 2,\ 3,\ldots q,\ldots$ faisons correspondre des nombres entiers croissants $v_1,\ v_2,\ v_3,\ldots v_q,\ldots$ tels que $v_q > e_q$, ou $\mathrm{L}_q(v_q) > 1$. Considérons la série dont le terme général est

$$u_n = \frac{1}{n\mathrm{L}n\mathrm{L}_2n \ldots \mathrm{L}_{q-1}n\,(\mathrm{L}_qn)^2}$$

où $v_q < n \leqslant v_{q+1}$. C'est-à-dire $u_n = \dfrac{1}{n^2}$ pour $n = 1,\ 2\ldots v_1$, $u_n = \dfrac{1}{n\,(\mathrm{L}n)^2}$ pour $n = v_1 + 1,\ v_1 + 2,\ldots v_2$, et ainsi de suite, q augmentant d'une unité quand n dépasse la valeur v_q. Le nombre q augmente indéfiniment avec n, quoique cette augmentation soit très lente (n° **22**). Quel que soit le nombre donné p, on peut supposer n assez grand pour que q soit plus grand que p. Alors :

$$\frac{\mathrm{L}u_n + \mathrm{L}n + \ldots + \mathrm{L}_pn}{\mathrm{L}_pn} = \frac{-\,\mathrm{L}_{p+1}n - \mathrm{L}_{p+2}n \ldots - \mathrm{L}_{q-1}n - 2\mathrm{L}_qn}{\mathrm{L}_pn}.$$

Mais $\dfrac{\mathrm{L}x}{x}$ diminue si x augmente à partir de $x = e$, car sa dérivée est $\dfrac{1 - \mathrm{L}x}{x^2} < 0$. Si $x > e$, $\dfrac{\mathrm{L}x}{x} < \dfrac{1}{e}$.

Si

$$n > e_q \ , \ \mathrm{L}_{p+2}n < \frac{1}{e}\,\mathrm{L}_{p+1}n \ , \ \mathrm{L}_q n < \frac{1}{e}\,\mathrm{L}_{q-1}n < \frac{1}{e^2}\,\mathrm{L}_{q-2}n < \frac{1}{e^{q-p-1}}\,\mathrm{L}_{p+1}n$$

$$0 > \frac{\mathrm{L}u_n + \mathrm{L}n + \ldots \mathrm{L}_p n}{\mathrm{L}_p n} > - \frac{\mathrm{L}_{p+1}n}{\mathrm{L}_p n}\left(1 + \frac{1}{e} + \frac{1}{e^2} + \ldots + \frac{1}{e^{q-p-2}} + \frac{2}{e^{q-p-1}}\right)$$

$$> - \frac{\mathrm{L}_{p+1}n}{\mathrm{L}_p n}\left(\frac{1}{e^{q-p-1}} + \frac{e}{e-1}\right).$$

Si, p restant fixe, n augmente indéfiniment, q devient infini, $\dfrac{\mathrm{L}_{p+1}n}{\mathrm{L}_p n}$ tend vers zéro, ainsi que $\dfrac{\mathrm{L}u_n + \mathrm{L}n + \ldots + \mathrm{L}n_p}{\mathrm{L}_p n}$. Les règles de Bertrand ne peuvent rien indiquer.

De l'inégalité (n° **22**) :

$$\mathrm{L}_q n - \mathrm{L}_q(n-1) > \frac{1}{n\mathrm{L}n \ldots \mathrm{L}_{q-1}n}$$

on déduit :

$$\frac{1}{n\mathrm{L}n \ldots \mathrm{L}_{q-1}n\,(\mathrm{L}_q n)^2} < \frac{\mathrm{L}_q n - \mathrm{L}_q(n-1)}{(\mathrm{L}_q n)^2} < \frac{\mathrm{L}_q n - \mathrm{L}_q(n-1)}{\mathrm{L}_q n\,\mathrm{L}_q(n-1)}$$

$$= \frac{1}{\mathrm{L}_q(n-1)} - \frac{1}{\mathrm{L}_q n}$$

$$\sum_{n=1+v_q}^{v_{q+1}} \frac{1}{n\mathrm{L}n \ldots \mathrm{L}_{q-1}n\,(\mathrm{L}_q n)^2} < \frac{1}{\mathrm{L}_q(v_q)} - \frac{1}{\mathrm{L}_q(v_{q+1})} < \frac{1}{\mathrm{L}_q(v_q)}.$$

Si la série $\displaystyle\sum_{q=1}^{\infty} \frac{1}{\mathrm{L}_q(v_q)}$ est convergente, et a une somme A ; pour la série Σu_n, soit $n < v_{q+1}$, on a :

$$\mathrm{S}_n < \mathrm{S}_{v_1} + \frac{1}{\mathrm{L}_1(v_1)} + \frac{1}{\mathrm{L}_2(v_2)} + \ldots + \frac{1}{\mathrm{L}_q(v_q)} < \mathrm{S}_{v_1} + A$$

il en résulte que la série Σu_n est convergente.

De l'inégalité (n° **22**) :

$$\mathrm{L}_q(n+1) - \mathrm{L}_q n < \frac{1}{n\mathrm{L}n\mathrm{L}_2 n \ldots \mathrm{L}_{q-1}n}$$

on déduit :

$$\frac{1}{n \mathrm{L}n \ldots \mathrm{L}_{q-1}n\,(\mathrm{L}_q n)^2} > \frac{\mathrm{L}_q(n+1) - \mathrm{L}_q n}{(\mathrm{L}_q n)^2} > \frac{\mathrm{L}_q(n+1) - \mathrm{L}_q n}{\mathrm{L}_q n\,\mathrm{L}_q(n+1)}$$

$$= \frac{1}{\mathrm{L}_q n} - \frac{1}{\mathrm{L}_q(n+1)}$$

$$\sum_{n=1+v_q}^{v_{q+1}} \frac{1}{n\mathrm{L}n \ldots \mathrm{L}_{q-1}n\,(\mathrm{L}_q n)^2} > \frac{1}{\mathrm{L}_q(1+v_q)} - \frac{1}{\mathrm{L}_q(1+v_{q+1})}$$

$$> \frac{1}{\mathrm{L}_q(1+v_q)} - \frac{1}{\mathrm{L}_q v_{q+1}}$$

Mais $\mathrm{L}_q(v_{q+1}) = e^{\mathrm{L}_{q+1}(v_{q+1})} > e\,\mathrm{L}_{q+1}(v_{q+1})$, car $\dfrac{e^x}{x} > e$ si $x > 1$;
et comme $v_q > e_q$

$$\frac{1}{\mathrm{L}_q(v_q)} - \frac{1}{\mathrm{L}_q(1+v_q)} < \frac{1}{v_q \mathrm{L}v_q \ldots \mathrm{L}_{q-1}v_q\,(\mathrm{L}_q v_q)^2} < \frac{1}{e_q e_{q-1} \ldots e_2 e} < \frac{1}{e^q}$$

$$\sum_{n=1+v_q}^{v_{q+1}} \frac{1}{n\mathrm{L}n \ldots \mathrm{L}_{q-1}n\,(\mathrm{L}_q n)^2} > \frac{1}{\mathrm{L}_q(v_q)} - \frac{1}{e^q} - \frac{1}{e\mathrm{L}_{q+1}(v_{q+1})}.$$

Dans la série (u)

$$\sum_{1}^{v_{q+1}} u_n > \frac{1}{\mathrm{L}v_1} + \frac{1}{\mathrm{L}_2 v_2} + \ldots + \frac{1}{\mathrm{L}_q v_q} - \frac{1}{e} - \frac{1}{e^2} \ldots - \frac{1}{e^q} -$$

$$\frac{1}{e}\left(\frac{1}{\mathrm{L}_2 v_2} + \ldots + \frac{1}{\mathrm{L}_{q+1} v_{q+1}} \right)$$

et comme $\mathrm{L}_{q+1}(v_{q+1}) > 1$, $\dfrac{1}{e\mathrm{L}_{q+1}(v_{q+1})} < \dfrac{1}{e}$

$$\frac{1}{e} + \frac{1}{e^2} + \ldots + \frac{1}{e^q} < \frac{1}{e-1}$$

$$\sum_{1}^{v_{q+1}} u_n > \left(1 - \frac{1}{e} \right)\left(\frac{1}{\mathrm{L}_2 v_2} + \frac{1}{\mathrm{L}_3 v_3} + \ldots + \frac{1}{\mathrm{L}_q v_q} \right) - \frac{1}{e-1} - \frac{1}{e}.$$

Si la série $\displaystyle\sum_{q=1}^{\infty} \frac{1}{\mathrm{L}_q(v_q)}$ est divergente, il en résulte que S_n augmente
indéfiniment, la série Σu_n est aussi divergente.

Par exemple, si $c_q < v_q < c_{q+1}$, $L_q(v_q)$ reste fini, la série Σu_n est divergente. Si $L_q(v_q) > q^2$, c'est-à-dire $v_2 > e^{e^{2^2}}$, $v_3 > e^{e^{e^{3^2}}}$,… la série $\displaystyle\sum \frac{1}{L_q(v_q)}$ sera convergente, ainsi que la série Σu_n.

29. Règle de Kummer. — *Si* λ_p, λ_{p+1},… λ_n,… *sont des nombres positifs tels que*

$$\lambda_n u_n - \lambda_{n+1} u_{n+1} \geqslant u_{n+1}$$

pour toute valeur $n \geqslant p$, *la série* Σu_n *est convergente.*

En effet, en ajoutant ces inégalités, où n prend les valeurs p, $p+1$,… n, on a :

$$u_{p+1} + u_{p+2} + \ldots + u_{n+1} \leqslant \lambda_p u_p - \lambda_{n+1} u_{n+1} < \lambda_p u_p.$$

Cette inégalité ayant lieu pour toute valeur de $n > p$, la série est convergente (n° **7**).

En particulier, il en résulte que la série (v) telle que $\dfrac{v_{n-1}}{v_n} = \dfrac{\lambda_n}{1 + \lambda_{n+1}}$, pour toutes les valeurs de n, sera convergente. On en déduit :

$$v_n = v_1 \frac{v_2}{v_1}\frac{v_3}{v_2} \ldots \frac{v_n}{v_{n-1}} = v_1 \lambda_1 \; \frac{\lambda_2}{1 + \lambda_2} \cdot \frac{\lambda_3}{1 + \lambda_3} \ldots \frac{\lambda_{n-1}}{1 + \lambda_{n-1}} \cdot \frac{1}{1 + \lambda_n}$$

à une suite de nombres positifs λ_n, correspond une série (v) convergente, la règle de Kummer revient à celle du (n° **9**), où

$$\frac{u_{n+1}}{u_n} \leqslant \frac{v_{n+1}}{v_n} = \frac{\lambda_n}{1 + \lambda_{n+1}}.$$

Inversement, si Σv_n est une série convergente donnée, de somme S, posons (n° **5**) :

$$S_n = v_1 + v_2 + \ldots + v_n = S - R_n$$

et $v_n \lambda_n = R_n + a$, a étant un nombre positif, ou nul, déterminé.

$$\lambda_n v_n - \lambda_{n+1} v_{n+1} = R_n - R_{n+1} = v_{n+1}.$$

La règle de Kummer, appliquée aux nombres $\lambda_n = \dfrac{a + R_n}{v_n}$, revient à la comparaison de $\dfrac{u_{n+1}}{u_n}$ et $\dfrac{v_{n+1}}{v_n}$.

Mais, pour étudier une série Σu_n donnée, il est plus simple de choisir des nombres positifs λ_n, que de chercher une série convergente Σv_n. Dans les applications, le choix arbitraire des λ rend cette règle très générale.

Par exemple, soit la série de Bertrand :

$$u_n = \frac{1}{n \operatorname{L} n \operatorname{L}_2 n \ldots \operatorname{L}_{p-1} n \, (\operatorname{L}_p n)^2}$$

prenons $\lambda_n = n \operatorname{L} n \operatorname{L}_2 n \ldots \operatorname{L}_p n \quad , \quad \lambda_n u_n = \dfrac{1}{\operatorname{L}_p n}\cdot$

On a (n° **28**) :

$$\frac{1}{\operatorname{L}_p(n-1)} - \frac{1}{\operatorname{L}_p n} > \frac{1}{n \operatorname{L} n \ldots \operatorname{L}_{p-1} n \, (\operatorname{L}_p n)^2}$$
$$\lambda_{n-1} u_{n-1} - \lambda_n u_n > u_n$$

ou

$$\lambda_n u_n - \lambda_{n+1} u_{n+1} > u_{n+1}$$

ce qui montre que la série est convergente.

Inversement, si $u_n \lambda_n - u_{n+1}\lambda_{n+1} \leqslant 0$ pour toute valeur $n > p$,

et si la série $\displaystyle\sum_{n=p}^{\infty} \frac{1}{\lambda_n}$ *est divergente, la série Σu_n est divergente.*

On a en effet $\dfrac{u_{n+1}}{u_n} \geqslant \dfrac{\frac{1}{\lambda_{n+1}}}{\frac{1}{\lambda_n}}$, et l'on est ramené à la règle du n° **9**.

30. Méthode des groupements. — Soient n_1, $n_2,\ldots n_p,\ldots$ des nombres entiers croissants. Posons :

$$u_1 + u_2 + \ldots + u_{n_1} = v_1 \quad , \quad u_{n_1+1} + u_{n_1-2} + \ldots + u_{n_2} = v_2.$$
$$u_{n_p+1} + u_{n_p-2} + \ldots + u_{n_{p+1}} = v_{p+1}\ldots$$

La série $\displaystyle\sum_{p=1}^{\infty} v_p$ et la série Σu_n, à termes positifs, seront toutes les deux convergentes, ou toutes les deux divergentes. Car

$$\operatorname{S}_{n_p} = \sum_{1}^{n_p} u_n = v_1 + v_2 + \ldots + v_p,$$

et n_p augmente indéfiniment avec p.

Plus généralement, si la série (v) est convergente, et si

$$u_{n_p+1} + \ldots + u_{n_{p+1}} \leqslant v_{p+1}$$

pour toute valeur de p, la série (u) sera convergente.

Si la série (v) est divergente, et si
$u_{n_p+1} + \ldots + u_{n_{p+1}} \geqslant v_{p+1}$, la série (u) sera divergente. C'est
la méthode employée au n° **28**.

31. Séries décroissantes. — Si les termes de la série (u) vont
en décroissant :

$$u_1 \geqslant u_2 \geqslant \ldots u_n \geqslant u_{n-1}\ldots$$

on aura :

$$(n_{p+1} - n_p)\, u_{n_{p+1}} \leqslant u_{n_p+1} + u_{n_p+2} + \ldots + u_{n_{p+1}} \leqslant (n_{p+1} - n_p)\, u_{n_p}.$$

Si la série dont le terme général est $v_p = (n_{p+1} - n_p)\, u_{n_{p+1}}$ est
divergente, la série Σu_n sera divergente.

Supposons les nombres n_p choisis de façon que $\dfrac{n_{p+1}}{n_p}$ reste toujours
supérieur à un nombre fixe $A > 1$. On aura

$$(n_{p+1} - n_p)\, u_{n_{p+1}} > n_{p+1}\left(1 - \frac{1}{A}\right) u_{n_{p+1}}.$$

Si la série dont le terme général est $v_p = n_p u_{n_p}$ est divergente, la
série $\Sigma \dfrac{A - 1}{A}\, v_p$ et la série Σu_n seront aussi divergentes.

De même, si la série de terme $v_p = (n_{p+1} - n_p)\, u_{n_p}$ est convergente, la série Σu_n est convergente.

Supposons que $\dfrac{n_{p+1}}{n_p}$ reste inférieure à un nombre B, on aura

$$(n_{p+1} - n_p)\, u_{n_p} < (B - 1)\, n_p u_{n_p}$$

donc, si la série de terme général $v_p = n_p u_{n_p}$ est convergente, la
la série Σu_n est convergente.

Si, quel que soit p, on a :

$$1 < A < \frac{n_{p+1}}{n_p} < B$$

les deux séries Σv_p et Σu_n, où $v_p = n_p u_{n_p}$, sont toutes les deux convergentes, ou toutes les deux divergentes. Pour savoir si la série (u) est convergente, on peut étudier la série (v).

32. Condition nécessaire. — *Si les termes u_n d'une série sont positifs et décroissants, et si nu_n ne tend pas vers zéro, la série est divergente.*

En effet nu_n ne tendant pas vers zéro aura une plus grande limite $\mathfrak{L} > 0$. Soit c un nombre compris entre 0 et $\mathfrak{L}$. Il existe une suite illimitée d'indices telles que $nu_n > c$, et l'on peut choisir ces indices n_1, n_2,... n_p ... tels que $\dfrac{n_{p+1}}{n_p}$ soit plus grand qu'un nombre $A > 1$. Puisque, après le rang An_p, il y a toujours un rang n tel que $nu_n > c$.

La série de terme général

$$v_p = n_p u_{n_p} > c$$

est divergente, puisque le terme générale v_p ne tend pas vers zéro. Donc la série Σu_n est divergente (n° **31**).

Pour qu'une série à termes positifs décroissants soit convergente, il faut que le produit nu_n tende vers zéro. Mais cela ne suffit pas ; par exemple la série $\displaystyle\sum_{n=3}^{\infty} \dfrac{1}{nLn}$ est divergente, les termes décroissent, et $nu_n = \dfrac{1}{Ln}$ tend vers zéro.

33. Théorème de Cauchy. — Soit a un nombre entier, plus grand que 1. Soit (n° **31**), $n_p = a^p$, $\dfrac{n_{p+1}}{n_p} = a$. *Les deux séries $\displaystyle\sum_1^{\infty} u_n$ et $\displaystyle\sum_{p=1}^{\infty} a^p u_{a^p}$ sont toutes les deux convergentes, ou toutes les deux divergentes.*

Soit, par exemple, $u_n = \dfrac{1}{nLn(L_2n)^2}$ on aura :

$$v_p = \dfrac{1}{L(a^p)(L_2 a^p)^2} = \dfrac{1}{pLa\,[Lp + L_2 a]^2}$$

et comme $\dfrac{Lp}{Lp + L_2 a}$ tend vers 1, pour $p = \infty$, on est ramené à la série $\sum \dfrac{1}{n(Ln)^2}$. La même méthode permet de la ramener à la série convergente $\sum \dfrac{1}{(nLa)^2}$, ou $\sum \dfrac{1}{n^2}$.

On peut ainsi établir la convergence, ou la divergence, des séries de Bertrand, en réduisant successivement d'une unité l'ordre des logarithmes.

34. Règle d'Ermakov. — Soit Σu_n une série à termes positifs décroissants, et n_1, n_2, ..., n_p, ... une suite de nombres entiers croissants. *Si, pour toutes les valeurs de p supérieures à un nombre donné, on a* $\dfrac{u_{n_p}}{u_p}(n_{p+1} - n_p) < K < 1$, *la série Σu_n est convergente.*

On a, en effet (n° **31**), en supposant $p \geqslant q$, nombre fixe :

$$S_{n_{p+1}} - S_{n_p} = u_{n_p+1} + u_{n_p-2} + \ldots + u_{n_{p+1}} \leqslant (n_{p+1} - n_p)u_{n_p} < Ku_p.$$

En ajoutant ces inégalités où $p = q$, $q+1$, ..., on a :

$$S_{n_p} - S_{n_q} < K(u_q + u_{q+1} + \ldots + u_{p-1}) < K(u_1 + u_2 + \ldots + u_{n_p}) = KS_{n_p}$$

car les nombres n_p augmentent avec p, et $n_p > p$

$$S_{n_p} < \frac{S_{n_q}}{1 - K}$$

si p, et n_p, augmentent indéfiniment, S_{n_p} ne dépasse jamais un nombre fixe, donc la série est convergente.

Si $\dfrac{u_{n_p}}{u_p}(n_p - n_{p-1}) \geqslant 1$, *pour les valeurs $p \geqslant q$, la série Σu_n est divergente.*

On a, en effet :

$$S_{n_p} - S_{n_{p-1}} = u_{n_{p-1}+1} + \ldots + u_{n_p} \geqslant (n_p - n_{p-1})u_{n_p} \geqslant u_p.$$

Si $p > p' \geqslant q$

$$S_{n_p} - S_{n_{p'}} \geqslant u_{p'+1} + u_{p'+2} + \ldots + u_p = S_p - S_{p'}$$

à chaque nombre entier p on a fait correspondre un nombre entier n_p. Posons $q = \lambda_0$, $n_{\lambda_0} = \lambda_1$, $n_{\lambda_1} = \lambda_2$, ..., $n_{\lambda_p} = \lambda_{p+1}$, ..., λ_{p+1} étant toujours le nombre n_{λ_p} qui correspondait au nombre entier λ_p. On aura :

$$S_{\lambda_{p+1}} - S_{\lambda_p} = S_{n_{\lambda_p}} - S_{n_{\lambda_{p-1}}} \geqslant S_{\lambda_p} - S_{\lambda_{p-1}} \geqslant S_{\lambda_1} - S_{\lambda_0}.$$

Les nombres λ_p augmentent indéfiniment avec p,

$$S_{\lambda_{p+1}} - S_{\lambda_u} = u_{\lambda_p+1} + u_{\lambda_p+2} + \ldots + u_{\lambda_p+1} \geqslant S_{n_q} - S_q$$

q restant fixe, si p augmente indéfiniment, on a une somme de termes consécutifs qui ne tend pas vers zéro lorsque le rang $n = \lambda_p + 1$ augmente indéfiniment. Donc la série est divergente (n° **3**).

Par exemple si $n_p = a^p$, a étant un nombre entier,

$$n_{p+1} - n_p = a^p(a - 1) \quad \text{et} \quad n_p - n_{p-1} = a^{p-1}(a - 1).$$

Si $\dfrac{a^p u_{a^p}}{u_p} (a - 1) < K < 1$, la série Σu_n est convergente.

Si $\dfrac{a^p u_{a^p}}{u_p} (a - 1) > a$, la série est divergente.

En particulier si $\dfrac{2^p u_{2^p}}{u_p}$ a une limite l, pour $p = \infty$; si $l < 1$ la série est convergente, si $l > 2$ elle est divergente.

Pour les séries convergentes de Bertrand, on trouve $l = 0$; pour les séries divergentes de Bertrand, $l = + \infty$.

35. Remarques générales. — Étant donné une suite de quantités M_1, M_2, ..., M_n... qui croissent constamment et indéfiniment, on a vu (n° **20**) que les séries dont les termes généraux sont

$$u_n = \frac{M_{n+1} - M_n}{M_{n+1}} \quad , \quad v_n = \frac{M_{n+1} - M_n}{M_{n+1} M_n}$$

sont l'une divergente, l'autre convergente, et $\dfrac{u_n}{v_n} = M_n$. On obtient ainsi des séries dans lesquelles ce rapport M_n augmente indéfiniment, mais aussi lentement que l'on voudra.

Si la série Σu_n est divergente, on peut obtenir une série divergente Σv_n telle que $\dfrac{u_n}{v_n}$ augmente indéfiniment avec n. Soit :

$$S_n = u_1 + u_2 + \ldots + u_n$$
$$v_n = \sqrt{S_n} - \sqrt{S_{n-1}} \quad , \quad v_1 = \sqrt{S_1}$$

on a :

$$v_1 + v_2 + \ldots + v_n = \sqrt{S_n}$$

qui augmente indéfiniment avec n et S_n.

$$\frac{u_n}{v_n} = \frac{S_n - S_{n-1}}{\sqrt{S_n} - \sqrt{S_{n-1}}} = \sqrt{S_n} + \sqrt{S_{n-1}}.$$

La série Σv_n est divergente, mais $\dfrac{u_n}{v_n}$ augmente indéfiniment avec n. $\dfrac{v_n}{u_n}$ tend vers zéro.

Si la série Σu_n est convergente, on peut obtenir une série convergente, Σv_n, telle que $\dfrac{u_n}{v_n}$ tende vers zéro.

Soit (n° 5) :

$$R_n = u_{n+1} + u_{n+2} + \dots$$

$$v_n = \sqrt{R_{n-1}} - \sqrt{R_n}$$

$$v_2 + v_3 + \dots + v_n = \sqrt{R_1} - \sqrt{R_n} < \sqrt{R_1}.$$

La série Σv_n est donc convergente

$$\frac{u_n}{v_n} = \frac{R_{n-1} - R_n}{\sqrt{R_{n-1}} - \sqrt{R_n}} = \sqrt{R_{n-1}} + \sqrt{R_n}$$

ce rapport tend vers o, ainsi que R_n.

36. Séries d'Abel. — *Si la série Σu_n est divergente, la série* $\Sigma \dfrac{u_n}{S_n^{1+a}}$ *est convergente si $a > $ o, divergente si $a \leqslant $ o.*

En effet, si o $< x <$ 1 et $a >$ o, la fonction $y = (1 - x)^{-a} - ax$ a pour dérivée $y' = a[(1 - x)^{-a-1} - 1] >$ o, y augmente avec x, pour $x = $ o, $y = $ 1. Donc

$$(1 - x)^{-a} > 1 + ax$$

si $x = \dfrac{u_n}{S_n}$, comme o $< u_n < S_n$, on a :

$$\left(\frac{S_{n-1}}{S_n}\right)^{-a} = \left(\frac{S_n - u_n}{S_n}\right)^{-a} > 1 + a\frac{u_n}{S_n}$$

$$a\frac{u_n}{S_n^{1+a}} < \frac{1}{S_{n-1}^a} - \frac{1}{S_n^a}$$

en remplaçant n par p, $p + 1$, $p + 2$, …, $p + n$, et ajoutant, on a :

$$a\left(\frac{u_p}{S_p^{1+a}} + \frac{u_{p+1}}{S_{p+1}^{1+a}} + \dots + \frac{u_{p+n}}{S_{p+n}^{1+a}}\right) < \frac{1}{S_{p-1}^a} - \frac{1}{S_{p+n}^a} < \frac{1}{S_{p-1}^a}$$

p restant fixe, si n augmente indéfiniment, on voit que la série $\sum \dfrac{u_n}{S_n^{1+a}}$ est convergente.

D'autre part :

$$\frac{u_{n+1}}{S_{n+1}} + \frac{u_{n+2}}{S_{n+2}} + \ldots + \frac{u_{n+p}}{S_{n+p}} > \frac{u_{n+1} + u_{n+2} + \ldots + u_{n+p}}{S_{n+p}}$$

$$= \frac{S_{n+p} - S_n}{S_{n+p}} = 1 - \frac{S_n}{S_{n+p}}$$

n restant fixe, S_{n+p} augmente indéfiniment avec p, puisque la série Σu_n est supposée divergente. Quel que soit n, il existe donc un rang $n + p$ tel que $S_{n+p} > 2\,S_n$ et $1 - \dfrac{S_n}{S_{n+p}} > \dfrac{1}{2}$.

Dans la série $\sum \dfrac{u_n}{S_n}$, quel que soit n, on peut trouver p termes consécutifs qui suivent le terme de rang n, dont la somme ne tend pas vers zéro, lorsque n augmente indéfiniment. Donc, la série $\sum \dfrac{u_n}{S_n}$ est divergente (n° **3**).

Si $a < 0$, $\dfrac{u_n}{S_n^{1+a}} > \dfrac{u_n}{S_n}$ à partir d'un rang déterminé, puisque S_n^{-a} augmente indéfiniment. La série $\sum \dfrac{u_n}{S_n^{1+a}}$ est donc aussi divergente.

On peut remarquer que, si Σu_n est une série convergente, la série $\sum \dfrac{u_n}{S_n^{1+a}}$ est convergente quel que soit a; car le rapport S_n^{1+a} des termes de ces deux séries a une limite déterminée $S^{1+a} > 0$.

En particulier les séries Σu_n et $\sum \dfrac{u_n}{S_n}$ sont, en même temps, convergentes ou divergentes.

D'une série divergente Σu_n on déduit ainsi une série divergente Σv_n telle que $\dfrac{v_n}{u_n} = \dfrac{1}{S_n}$ tende vers zéro. On peut ainsi former des séries qui divergent de plus en plus lentement, et des séries $\sum \dfrac{u_n}{S_n^{1+a}}$ qui convergent de plus en plus lentement. On peut en déduire successivement la divergence et la convergence des séries de Bertrand.

CHAPITRE III

—

SÉRIES A SIGNES VARIÉS

37. Séries absolument convergentes. — Soit Σu_n une série dont les termes ont des signes arbitraires, mais telle que leurs valeurs absolues forment une série convergente $\Sigma |u_n|$. Les termes positifs et négatifs, pris séparément, forment deux séries convergentes. En effet, supposons que les $n + p$ premiers termes comprennent n termes positifs ayant pour somme S_n', et p termes négatifs ayant pour somme $- S_p''$. Dans la série $\Sigma |u_n|$ la somme des $n + p$ premiers termes est $S_n' + S_p''$, elle a une limite déterminée S. Dans la série formée des termes positifs seuls, la somme des n premiers termes est

$$S_n' < S_n' + S_p'' < S$$

comme elle est inférieure à S, quel que soit n, la série est convergente (n° **7**).

Les termes négatifs changés de signes forment également une série convergente, car $S_p'' < S$, quel que soit p. Lorsque $n + p$ augmente indéfiniment, S_n' et S_p'' ont des limites S' et S'' dont la somme $S' + S'' = S$. Pour la série Σu_n, la somme des $n + p$ premiers termes est $S_n' - S_p''$ qui a pour limite $S' - S''$. Il en résulte que cette série est convergente, et a pour somme la différence des valeurs des deux séries formées des termes positifs et négatifs pris séparément.

Lorsque les valeurs absolues des termes forment une série convergente $\Sigma |u_n|$, on dit que la série Σu_n est absolument convergente. On peut modifier arbitrairement l'ordre des termes, sans changer la valeur de la somme.

En effet, supposons qu'on change l'ordre des termes comme au n° **25**. Les termes positifs et négatifs forment deux séries qui conserveront les mêmes termes et les mêmes sommes, la série Σu_n aura toujours pour somme $S' - S''$, quel que soit l'ordre des termes. On peut également remplacer chaque terme par une série, pourvu que les *sommes des valeurs absolues de chaque terme forment une série convergente* (n° **26**).

Pour reconnaître si une série Σu_n est absolument convergente, on cherchera si la série des valeurs absolues $\Sigma |u_n|$ est convergente. Par exemple, si Σv_n est une série convergente à termes positifs, et si $|u_n| < v_n$, à partir d'un rang déterminé, la série Σu_n sera absolument convergente.

Si la série Σu_n est absolument convergente, et si a_1, a_2, ..., a_n... sont des nombres dont les valeurs absolues restent inférieures à un nombre fixe A ; c'est-à-dire si $- A < a_n < A$ quel que soit n, la série $\Sigma a_n u_n$ est absolument convergente. En effet les séries $\Sigma |u_n|$ et $\Sigma |a_n u_n|$ sont alors convergentes (n° **8**).

38. Séries simplement convergentes. — Si la série Σu_n est convergente, sans être absolument convergente, on dit qu'elle est simplement convergente (¹). La série des valeurs absolues $\Sigma |u_n|$ est alors divergente. Les termes positifs, pris séparément, forment une série divergente, ainsi que les termes négatifs. En effet, soit S'_n la somme des n premiers termes positifs ; avant le dernier de ces termes il y aura des termes négatifs, soit p leur nombre, et $- S_p''$ leur somme. A chaque indice n correspond un indice p ; les $n + p$ premiers termes de la série Σu_n comprennent n termes positifs et p termes négatifs. Puisque la série est convergente la somme de ces $n + p$ premiers termes $S_{n+p} = S_n' - S_p''$ a une limite S, lorsque n augmente indéfiniment. Dans la série à termes positifs $\Sigma |u_n|$, la somme $S_n' + S_p''$, des $n + p$ premiers termes, augmente indéfiniment. Donc $S_n' = \frac{1}{2}(S_n' + S_p'') + \frac{1}{2} S_{n+p}$ augmente aussi indéfiniment avec n, ainsi que $S_p'' = S_n' - S_{n+p}$.

(¹) L'expression série semi-convergente, employée quelquefois, peut entraîner des confusions, car elle désigne certaines séries divergentes (n° **99**).

39. Ordre des termes. — Soit Σu_n une série à termes positifs divergente, dont le terme général u_n tend vers zéro ; et Σv_n une série également divergente, dont les termes sont tous négatifs et tendent vers zéro ; la somme de ses n premiers termes tendra vers $-\infty$. On peut former une série convergente, dont les termes seront ceux des deux séries (u) et (v), et dont la somme sera un nombre A, positif ou négatif, donné arbitrairement.

Pour cela, conservons l'ordre des termes de la série (u), en intercalant des termes de la série (v), dont l'ordre sera aussi conservé. Nous formerons des groupes successifs de termes consécutifs de chaque série, de façon que la somme soit alternativement plus grande et plus petite que A. Soient u_{p_1}, u_{p_2}, ... u_{p_n}, ... le dernier terme de chaque groupe de la série (u), et v_{q_1}, v_{q_2}, ... v_{q_n}, ... le dernier terme de chaque groupe de la série (v). Supposons $A > 0$, on aura :

$$p_1 \geqslant 1 \quad , \quad A < u_1 + u_2 + \ldots + u_{p_1} \leqslant A + u_{p_1}$$

car, si la somme dépassait $A + u_{p_1}$, on s'arrêterait au terme u_{p_1-1}. Les termes v étant négatifs on choisira v_{q_1} de façon que

$$A + v_{q_1} \leqslant u_1 + u_2 + \ldots + u_{p_1} + v_1 + v_2 + \ldots + v_{q_1} < A$$

puis on ajoute les termes u_{p_1+1}, u_{p_1+2}, ..., u_{p_2} pour avoir une somme supérieure à A, mais au plus égale à $A + u_{p_2}$, et ainsi de suite ; ce qui est toujours possible puisque, les deux séries étant divergentes, les termes qui dépassent un rang n, ont une somme qui devient, en valeur absolue, aussi grande que l'on voudra.

Dans la nouvelle série, les $p_n + q_{n-1}$ premiers termes ont une somme comprise entre A et $A + u_{p_n}$, les termes suivants sont négatifs ; la somme des termes diminue donc jusqu'à ce qu'on ait $p_n + q_n$ termes, la somme est alors comprise entre $A + v_{q_n}$ et A. Puis la somme des termes augmente, et la somme des $p_{n+1} + q_n$ premiers termes est comprise entre A et $A + u_{p_{n+1}}$. La somme des termes de la nouvelle série va successivement en diminuant, et en augmentant, mais en restant comprise entre $A + v_{q_n}$ et $A + u_{p_n}$, puis entre $A + v_{q_n}$ et $A + u_{p_{n+1}}$, ensuite entre $A + v_{q_{n+1}}$ et $A + u_{p_{n+1}}$, et ainsi de suite.

Comme p_n et q_n augmentent indéfiniment, u_{p_n} et v_{q_n} tendent vers zéro, la somme a pour limite A, la série formée est convergente.

On pourrait former, de la même manière, une série divergente, dont la somme S_n oscillerait entre deux limites A et B. Soit $A < B$; on choisira les rangs p_n et q_n de façon que la somme des p_n premiers termes (u) et des q_{n-1} premiers termes (v) dépasse B. Puis on prend des termes consécutifs de (v) jusqu'à v_{q_n}, de façon à avoir une somme inférieure à A, et ainsi de suite.

Enfin on pourrait former une série dont la somme augmente indéfiniment, en choisissant les nombres p_n et q_n, qui se correspondent, de façon que l'on ait, pour toute valeur de n,

$$ - (v_1 + v_2 + \dots + v_{q_n}) < \frac{1}{2} (u_1 + u_2 + \dots + u_{p_n}) $$

la somme des $p_n + q_n$ premiers termes est alors supérieure à la somme $\frac{1}{2} (u_1 + u_2 + \dots + u_{p_n})$ qui augmente indéfiniment. On pourra ainsi choisir arbitrairement la suite des nombres p_n, puis déterminer le nombre q_n correspondant à p_n, et qui augmentera indéfiniment en même temps que p_n.

Si une série est convergente, sans être absolument convergente, on peut, en changeant l'ordre des termes, obtenir une série convergente ayant une somme arbitraire, ou une série divergente, les sommes S_n pouvant n'avoir aucune limite, ou tendre vers $+\infty$, ou $-\infty$.

La convergence, et la somme de ces séries, ne dépend pas de la valeur des termes, comme dans les séries absolument convergentes, mais seulement de l'ordre des termes.

Cependant on peut toujours changer le rang d'un nombre limité de termes, sans changer la somme de la série (n° **5**). On peut même changer l'ordre des termes de façon que le rang de chaque terme ne soit déplacé que d'un nombre fini. Soit en effet Σu_n une série quelconque dont le terme général u_n tend vers zéro ; et Σv_p une série formée des mêmes termes comme au n° **25**. Les indices n et p se correspondent deux à deux de façon que $u_n = v_p$. Nous supposons qu'il existe un nombre fixe q tel que

$$ | n - p | \leqslant q $$

c'est-à-dire $n - q \leqslant p \leqslant n + q$, quel que soit n. Considérons les deux sommes :

$$S_n = u_1 + u_2 + \ldots + u_n$$
$$S'_{n+q} = v_1 + v_2 + \ldots + v_{n+q}$$

la seconde comprend tous les termes de la première, mais comprend q termes de plus, égaux à q des termes $u_{n+1}, u_{n+2}, \ldots u_{n+2q}$. Donc

$$|S'_{n+q} - S_n| < |u_{n+1}| + |u_{n+2}| + \ldots |u_{n+2q}|.$$

Mais si u_n tend vers zéro, lorsque n devient infini, la somme des valeurs absolues de $2q$ termes consécutifs tend aussi vers zéro, si q est un nombre fixe. Donc $S'_{n+q} - S_n$ tend vers zéro. Si l'une des séries est convergente, l'autre est convergente et a la même somme. Si l'une est divergente, l'autre est aussi divergente. Si u_n ne tendait pas vers zéro, les deux séries seraient divergentes.

40. Théorème d'Abel. — *Soient $v_1, v_2, \ldots v_n, \ldots$ des nombres tels que $S_n = v_1 + v_2 + \ldots + v_n$ ait, quel que soit n, une valeur absolue inférieure à un nombre fixe A ; et $a_1, a_2, \ldots, a_n, \ldots$ des nombres qui tendent vers zéro, et tels que la série $\Sigma(a_n - a_{n+1})$ soit absolument convergente. La série $\Sigma a_n v_n$ est convergente.*

Si a_n tend vers zéro, la série $(a_1 - a_2) + (a_2 - a_3) + \ldots + (a_n - a_{n+1}) + \ldots$, dont le terme général est $a_n - a_{n+1}$, est convegente, et a pour somme a_1. Nous la supposons absolument convergente. On a :

$$v_n = S_n - S_{n-1}$$
$$a_1 v_1 + a_2 v_2 + \ldots + a_n v_n = a_1 S_1 + a_2(S_2 - S_1) + \ldots + a_n(S_n - S_{n-1}) =$$
$$S_1(a_1 - a_2) + S_2(a_2 - a_3) + \ldots + S_{n-1}(a_{n-1} - a_n) + a_n S_n$$

comme $|S_n| < A$, $a_n S_n$ tend vers zéro, comme a_n. La série $\Sigma(a_n - a_{n+1})$ étant absolument convergente, la série $\Sigma S_n(a_n - a_{n+1})$ est aussi absolument convergente (n° **37**) ; la somme $a_1 v_1 + a_2 v_2 + \ldots + a_n v_n$ a donc pour limite la somme de la série $\Sigma S_n(a_n - a_{n+1})$; la série $\Sigma a_n v_n$ est convergente. Mais en général elle n'est pas absolument convergente.

Dans le cas où les sommes S_n ont une limite S, c'est-à-dire si la série Σv_n est convergente, il n'est pas nécessaire de supposer que a_n tend vers zéro. Le théorème d'Abel peut alors s'énoncer ainsi :

Si la série Σv_n est convergente, et si la série $\Sigma (a_n - a_{n+1})$ est absolument convergente, la série $\Sigma a_n v_n$ est convergente.

En effet, la série $\Sigma (a_n - a_{n+1})$ étant convergente, la somme des $n - 1$ premiers termes $a_1 - a_n$ a une limite, donc a_n a une limite a. On a encore :

$$a_1 v_1 + a_2 v_2 + \ldots + a_n v_n = S_1 (a_1 - a_2) + \ldots + S_{n-1} (a_{n-1} - a_n) + a_n S_n.$$

La série Σv_n étant convergente, S_n a une limite déterminée S, et $a_n S_n$ a pour limite aS. Comme la série $\Sigma S_n (a_n - a_{n+1})$ est encore absolument convergente, la série $\Sigma a_n v_n$ est convergente ; sa somme est celle de la série absolument convergente

$$aS + \Sigma S_n (a_n - a_{n+1}).$$

En particulier, supposons que $a_1, a_2, \ldots a_n, \ldots$ soient des nombres positifs décroissants :

$$a_1 \geqslant a_2 \geqslant a_3 \geqslant \ldots a_n \geqslant a_{n+1} \ldots > 0$$

ces nombres a_n ont une limite a, la série $\Sigma (a_n - a_{n+1})$ est absolument convergente, car ses termes sont positifs, et les n premiers ont pour somme $a_1 - a_{n+1}$, qui a pour limite $a_1 - a$. Le théorème d'Abel prend alors les deux formes suivantes, suivant que a est positif ou nul.

Si la somme $v_1 + v_2 + \ldots + v_n$ a, quel que soit n, une valeur absolue inférieure à un nombre fixe A ; et si $a_1, a_2, \ldots a_n, \ldots$ sont des nombres positifs décroissants, qui tendent vers zéro, la série $\Sigma a_n v_n$ est convergente.

Si la série Σv_n est convergente, et si les nombres positifs $a_1, a_2, \ldots a_n, \ldots$ vont en décroissant, la série $\Sigma a_n v_n$ est convergente.

41. Exemple. — Si la série $\Sigma (a_n - a_{n+1})$ est absolument convergente, a_n tendant vers zéro, et si $o < \theta < 2\pi$, les deux séries

$$1 + a_1 \cos \theta + a_2 \cos 2\theta + \ldots + a_n \cos n\theta + \ldots$$

et

$$a_1 \sin \theta + a_2 \sin 2\theta + \ldots + a_n \sin n\theta + .$$

sont convergentes.

En effet on a :

$$2 \cos n\theta \sin \frac{\theta}{2} = \sin \frac{2n+1}{2}\theta - \sin \frac{2n-1}{2}\theta$$

$$1 + \cos\theta + \cos 2\theta + \ldots + \cos n\theta) \, 2\sin\frac{\theta}{2} =$$

$$2\sin\frac{\theta}{2} + \left(\sin\frac{3\theta}{2} - \sin\frac{\theta}{2}\right) + \left(\sin\frac{5\theta}{2} - \sin\frac{3\theta}{2}\right) + \ldots +$$

$$\left(\sin\frac{2n+1}{2}\theta - \sin\frac{2n-1}{2}\theta\right) = \sin\frac{2n+1}{2}\theta + \sin\frac{\theta}{2} =$$

$$2\sin\frac{n+1}{2}\theta\cos\frac{n}{2}\theta$$

$$1 + \cos\theta + \cos 2\theta + \ldots + \cos n\theta = \frac{\sin\frac{n+1}{2}\theta\cos\frac{n}{2}\theta}{\sin\frac{\theta}{2}}.$$

La valeur absolue de cette somme reste inférieure ou égale à $\left|\dfrac{1}{\sin\frac{\theta}{2}}\right|$ valeur finie, pourvu que θ ne soit pas égal à 0 ou $2k\pi$.

De même $2\sin n\theta \sin\frac{\theta}{2} = \cos\frac{2n-1}{2}\theta - \cos\frac{2n+1}{2}\theta$

$$(\sin\theta + \sin 2\theta + \ldots + \sin n\theta) \, 2\sin\frac{\theta}{2} =$$

$$\left(\cos\frac{\theta}{2} - \cos\frac{3\theta}{2}\right) + \left(\cos\frac{3\theta}{2} - \cos\frac{5\theta}{2}\right) + \ldots +$$

$$\left(\cos\frac{2n-1}{2}\theta - \cos\frac{2n+1}{2}\theta\right) = \cos\frac{\theta}{2} - \cos\frac{2n+1}{2}\theta = 2\sin\frac{n+1}{2}\theta\sin\frac{n}{2}\theta$$

$$\sin\theta + \sin 2\theta + \ldots + \sin n\theta = \frac{\sin\frac{n+1}{2}\theta\sin\frac{n}{2}\theta}{\sin\frac{\theta}{2}}$$

dont la valeur absolue est inférieure ou égale à $\left|\dfrac{1}{\sin\frac{\theta}{2}}\right|$. Donc, si $0 < \theta < 2\pi$, la convergence des deux séries résulte du théorème d'Abel. Si $\theta = 0$, ou 2π, la seconde série a tous ses termes nuls ; la première devient $1 + \Sigma a_n$, elle peut être divergente.

Les deux séries sont, en particulier, convergentes si $0 < \theta < 2\pi$, lorsque a_1, a_2... a_n... sont des nombres positifs décroissants, qui tendent vers zéro.

Par exemple. on a les séries convergentes :

$$\sum \frac{\cos n\theta}{n^a} \quad , \quad \sum \frac{\sin n\theta}{n^a} \, , \, a > 0$$

$$\sum_{2}^{\infty} \frac{\cos n\theta}{Ln} \quad , \quad \sum \frac{\sin n\theta}{Ln}$$

42. Séries à signes alternés. — Dans la série $\Sigma a_n v_n$ (n° **40**) supposons $v_n = (-1)^{n+1}$, ou $v_{2n+1} = 1$, $v_{2n} = -1$. Les sommes $v_1 + v_2 + ... + v_n$ prennent les valeurs 1 et 0. Si les nombres positifs a_1, a_2... a_n... décroissent et tendent vers zéro, la série à signes alternés

$$a_1 - a_2 + a_3... \quad + a_{2n-1} - a_{2n} + ...$$

est convergente.

Les sommes $S_1 = a_1$, $S_3 = a_1 - (a_2 - a_3)$,... S_{2n-1}... sont des nombres positifs décroissants, qui ont une limite S ; les sommes S_2, S_4,... S_{2n}... sont des nombres croissants qui ont la même limite S. Le reste

$$R_n = (-1)^n [a_{n+1} - (a_{n+2} - a_{n+3}) - (a_{n+4} - a_{n+5}) ...]$$
$$= (-1)^n [(a_{n+1} - a_{n+2}) + (a_{n+3} - a_{n+4}) + ...]$$

est compris entre 0 et $(-1)^n a_{n+1}$. Les sommes S_n sont alternativement supérieures et inférieures à S, la différence $S - S_n$ étant toujours inférieure en valeur absolue au premier terme négligé a_{n+1}, et de même signe.

Par exemple la série

$$1 - \frac{1}{2} + \frac{1}{3} - \frac{1}{4} + ... + \frac{1}{2n-1} - \frac{1}{2n} + ...$$

est convergente, sa somme est celle de la série absolument convergente :

$$S = \frac{1}{1.2} + \frac{1}{3.4} + ... + \frac{1}{(2n-1)2n} + ... = \sum_{1}^{\infty} \frac{1}{2n(2n-1)}.$$

Il est facile de vérifier que la série

$$1 - \frac{1}{2} - \frac{1}{4} + \frac{1}{3} - \frac{1}{6} - \frac{1}{8} + \dots + \frac{1}{2n-1} - \frac{1}{4n-2} - \frac{1}{4n} + \dots$$

formée des mêmes termes, n'a pas la même valeur. La somme est celle de la série absolument convergente :

$$\sum_{1}^{\infty} \left(\frac{1}{2n-1} - \frac{1}{4n-2} - \frac{1}{4n} \right) = \sum \left(\frac{1}{4n-2} - \frac{1}{4n} \right) =$$

$$\frac{1}{2} \sum \frac{1}{2n(2n-1)} = \frac{S}{2}.$$

43. Produits illimités. — Soit Σu_n une série absolument convergente. Il existe un rang p, tel que $|u_n| < 1$ si $n \geqslant p$, alors $1 + u_n > 0$ et $L(1 + u_n)$ a une valeur réelle. Si n augmente indéfiniment u_n tend vers zéro, et $\dfrac{L(1 + u_n)}{u_n}$ tend vers 1. Donc la série $\Sigma L(1 + u_n)$ est aussi absolument convergente. La somme

$$L(1 + u_p) + L(1 + u_{p+1}) + \dots + L(1 + u_n)$$

a une limite déterminée A, et le produit

$$(1 + u_p)(1 + u_{p+1}) \dots (1 + u_n)$$

a pour limite e^A, lorsque n augmente indéfiniment. Le produit $(1 + u_1)(1 + u_2) \dots (1 + u_n)$ a également une limite, qui n'est ni nulle, ni infinie, pourvu qu'aucun des facteurs $1 + u_n$ ne soit nul.

Si Σu_n est une série divergente à termes positifs, u_n tendant vers zéro ; $\dfrac{L(1 + u_n)}{u_n}$ tend encore vers 1 et la série $\Sigma L(1 + u_n)$ est aussi divergente. Il en résulte que le produit $(1 + u_1)(1 + u_2) \dots (1 + u_n)$ augmente indéfiniment, comme son logarithme.

$- \dfrac{L(1 - u_n)}{u_n}$ tend aussi vers 1. Si $u_n < 1$, $n \geqslant p$ la somme $- L(1 - u_p) - L(1 - u_{p+1}) \dots - L(1 - u_n)$ augmente aussi indéfiniment. Cette somme est le logarithme de

$$\frac{1}{(1 - u_p)(1 - u_{p+1}) \dots (1 - u_n)}.$$

Donc le produit $(1 - u_p)(1 - u_{p-1}) \ldots (1 - u_n)$ tend vers zéro, ainsi que le produit $(1 - u_1)(1 - u_2) \ldots (1 - u_n)$, lorsque n augmente indéfiniment.

44. Étude de $\frac{u_{n+1}}{u_n}$. — Si le rapport $\frac{u_{n+1}}{u_n}$ a une limite négative l, la série Σu_n est à signes alternés, à partir d'un rang déterminé. Si $0 > l > -1$ la règle de Dalembert montre que la série est absolument convergente. Si $l < -1$ elle est divergente. Lorsque $l = -1$, si $\frac{u_{n+1}}{u_n}$ tend vers -1 en restant inférieur à -1, $\left| \frac{u_{n+1}}{u_n} \right| > 1$ la valeur absolue de u_n ne décroît pas, et ne tend pas vers zéro, la série est divergente. Si $\frac{u_{n+1}}{u_n}$ reste compris entre 0 et -1, les termes décroissent en valeur absolue, la série est convergente si u_n tend vers zéro, divergente si u_n ne tend pas vers zéro. On peut souvent distinguer ces deux cas par le théorème suivant :

Si Σv_n est une série divergente à termes positifs, v_n tendant vers zéro, et si, pour toute valeur $n \geqslant p$, on a

$$0 > \frac{u_{n+1}}{u_n} > -1 + v_n,$$

la série Σu_n est convergente.

En effet, on a : $-\frac{u_{n+1}}{u_n} < 1 - v_n,$

$$0 < (-1)^{n-p}\frac{u_n}{u_p} = \frac{-u_{p+1}}{u_p} \cdot \frac{-u_{p+2}}{u_p} \ldots \frac{-u_n}{u_{n-1}} < (1-v_p)(1-v_{p+1})\ldots(1-v_{n-1})$$

ce produit tend vers zéro, lorque n augmente indéfiniment.

Donc u_n tend vers zéro, la série Σu_n à signes alternés décroissants est convergente.

Si la série à termes positifs Σv_n est convergente ; et si, lorsque $n \geqslant p$, on a $\frac{u_{n+1}}{u_n} < -1 + v_n < 0$, la série Σu_n est divergente.

On a en effet $-\frac{u_{n+1}}{u_n} > 1 - v_n$

$$(-1)^{n-p}\frac{u_n}{u_p} > (1-v_p)(1-v_{p-1})\ldots(1-v_{n-1}) > (1-v_p)(1-v_{p+1})\ldots$$

produit illimité qui a une valeur positive A, donc u_n ne tend pas vers zéro, la série est divergente.

En particulier supposons que $\dfrac{u_{n+1}}{u_n} = -1 + \dfrac{A_n}{n^a}$, A_n restant compris entre deux nombres positifs :

$$0 < A < A_n < B \quad , \text{ si } \quad n \geqslant p.$$

La série $\displaystyle\sum \dfrac{A_n}{n^i}$ est convergente si $a > 1$, divergente si $a \leqslant 1$. Donc, si $a > 1$ la série Σu_n sera divergente, u_n ne tendant par vers zéro. Si $0 < a \leqslant 1$ la série Σu_n est convergente.

45. Exemples. — Supposons que l'on ait :

$$\frac{u_{n+1}}{u_n} = -\frac{n^2 + an + A}{n^2 + bn + B}$$

a et b étant constants, A et B pouvant varier avec n, mais leurs valeurs absolues restant inférieures à un nombre c. On a :

$$\frac{u_{n+1}}{u_n} = -1 + \frac{(b-a)n + B - A}{n^2 + bn + B}.$$

Si $b > a$ la série Σu_n est convergente, car $\dfrac{(b-a)n + B - A}{n^2 + bn + B} \, n$ a pour limite $b - a$, et sera positif à partir d'un rang déterminé.

Si $b > a + 1$, la règle de Gauss montre même que la série est absolument convergente. Si $a + 1 \geqslant b > a$ elle est simplement convergente.

Si $b \leqslant a$, on a $\dfrac{u_{n+1}}{u_n} < -1 + \dfrac{B - A}{n^2 + bn + B} < -1 + \dfrac{2c}{n^2 + bn - c}$.

La série Σu_n est divergente, u_n ne tend pas vers zéro.

Si $\dfrac{u_{n+1}}{u_n}$ est une fraction rationnelle à coefficients constants de la forme :

$$\frac{u_{n+1}}{u_n} = -\frac{n^p + a_1 n^{p-1} + a_2 n^{p-2} + \ldots + a_p}{n^p + b_1 n^{p-1} + b_2 n^{p-2} + \ldots + b_p}$$

la série est convergente si $b_1 > a_1$, elle est divergente si $b_1 \leqslant a_1$.

Soit la série :

$$1 + \frac{p}{1} + \frac{p(p-1)}{1\cdot 2} + \ldots + \frac{p(p-1)\ldots(p-n+1)}{1\cdot 2\ldots n} + \ldots$$

obtenue en remplaçant x par 1 dans le développement de $(1+x)^p$. On a :

$$\frac{u_{n+1}}{u_n} = \frac{p-n+1}{n} = -1 + \frac{p+1}{n}.$$

Si $p \leqslant -1$, la série est divergente. Les termes ne diminuent pas, u_n ne tend pas vers zéro.

Si $p > -1$, la série est convergente. Mais si $0 > p > -1$ elle est simplement convergente. Si $p > 0$ elle est absolument convergente (n° **18**).

Soit la série :

$$1 - \frac{3}{2}\frac{1}{5} + \frac{3\cdot 5}{2\cdot 4}\frac{1}{7} - \ldots + (-1)^n \frac{3\cdot 5\ldots(2n+1)}{2\cdot 4\ldots 2n}\frac{1}{2n+3} + \ldots$$

$$\frac{u_{n+1}}{u_n} = -\frac{2n+1}{2n}\cdot\frac{2n+1}{2n+3} = -\frac{n^2+n+\frac{1}{4}}{n^2+\frac{3}{2}n}$$

le coefficient $b = \frac{3}{2}$ est plus grand que $a = 1$, la série est convergente. Mais elle est simplement convergente (n° **18**).

Pour la série

$$1 - \frac{3}{2}\frac{1}{1^p} + \frac{3\cdot 5}{2\cdot 4}\frac{1}{2^p} - \ldots + (-1)^n \frac{3\cdot 5\ldots(2n+1)}{2\cdot 4\ldots 2n}\frac{1}{n^p} + \ldots$$

on a

$$\frac{u_{n+1}}{u_n} = -\frac{2n+1}{2n}\left(\frac{n-1}{n}\right)^p$$

$\left(1 - \frac{1}{n}\right)^p = 1 - \frac{p}{n} + \frac{A}{n^2}$ où A varie avec n, mais a pour limite $\frac{p(p-1)}{2}$. On peut donc poser :

$$\frac{u_{n+1}}{u_n} = -\left(1 + \frac{1}{2n}\right)\left(1 - \frac{p}{n} + \frac{A}{n^2}\right) = -1 + \frac{2p-1}{2n} + \frac{B}{n^2}$$

B a pour limite $\frac{p}{2}(2-p)$ et reste fini.

Si $p > \frac{1}{2}$ la série est convergente, si $p \leqslant \frac{1}{2}$ elle est divergente.

46. Application aux séries à termes positifs. — Soit Σa_n une série convergente à termes positifs. Si, p restant fixe, n augmente indéfiniment, les deux produits

$$(1 + a_p)(1 + a_{p+1}) \ldots (1 + a_n)$$
$$(1 - a_p)(1 - a_{p+1}) \ldots (1 - a_n)$$

ont des limites positives finies, pourvu que p soit choisi de façon que a_n reste plus petit que 1.

Soit Σv_n une série convergente à termes positifs, la série dont le terme général est, lorsque $p > n$,

$$v_n(1 + a_p)(1 + a_{p+1}) \ldots (1 + a_{n-1})$$

est également convergente (n° **8**).

Si la série à termes positifs Σv_n est divergente, la série dont le terme général est

$$v_n(1 - a_p)(1 - a_{p+1}) \ldots (1 - a_{n-1})$$

est également divergente.

La méthode de comparaison (n° **9**) peut ainsi être généralisée :

Si Σv_n et Σa_n sont deux séries convergentes à termes positifs, et si $\dfrac{u_{n-1}}{u_n} \leqslant \dfrac{v_{n+1}}{v_n}(1 + a_n)$, à partir d'un rang déterminé, la série à termes positifs Σu_n est convergente.

Si Σa_n est une série à termes positifs convergente, et Σv_n une série à termes positifs divergente, et si $\dfrac{u_{n+1}}{u_n} \geqslant \dfrac{v_{n+1}}{v_n}(1 - a_n)$, la série Σu_n est divergente.

Dans le cas où $\dfrac{v_{n+1}}{v_n}$ reste plus grand qu'un nombre positif A, on peut présenter ces règles sous la forme suivante :

Si les séries Σv_n et Σa_n à termes positifs sont convergentes, et $\dfrac{v_{n+1}}{v_n} > A > 0$; si $\dfrac{u_{n+1}}{u_n} \leqslant \dfrac{v_{n+1}}{v_n} + a_n$, la série à termes positifs Σu_n est convergente.

On a en effet

$$\frac{u_{n+1}}{u_n} \leqslant \frac{v_{n+1}}{v_n}\left(1 + a_n \frac{v_n}{v_{n+1}}\right) < \frac{v_{n+1}}{v_n}\left(1 + \frac{a_n}{A}\right)$$

et $\dfrac{a_n}{A}$ est le terme général d'une série convergente.

Si la série Σa_n est convergente, la série Σv_n divergente, et $\dfrac{v_{n-1}}{v_n} > A > 0$; si $\dfrac{u_{n+1}}{u_n} \geqslant \dfrac{v_{n+1}}{v_n} - a_n$, la série Σu_n est divergente. On a en effet

$$\frac{u_{n+1}}{u_n} \geqslant \frac{v_{n+1}}{v_n}\left(1 - a_n \frac{v_n}{v_{n-1}}\right) > \frac{v_{n+1}}{v_n}\left(1 - \frac{a_n}{A}\right).$$

47. Moyennes illimitées. — Les théorèmes suivants serviront à étudier le produit de deux séries :

Si les nombres $a_1, a_2,\ldots a_n\ldots$ tendent vers zéro $\dfrac{a_1 + a_2 + \ldots + a_n}{n}$ *tend aussi vers zéro, pour $n = \infty$.*

En effet, il existe un nombre A tel que $|a_n| < A$ quel que soit n. Soit p le nombre entier immédiatement inférieur à $\sqrt{n}$

$$\sqrt{n} - 1 < p \leqslant \sqrt{n},$$

et a la plus grande valeur absolue des termes $a_{p+1}, a_{p+2},\ldots a_n,\ldots$ On a :

$$\left|\frac{a_1 + a_2 + \ldots + a_n}{n}\right| < \frac{Ap + (n-p)a}{n} < \frac{A}{\sqrt{n}} + a.$$

Puisque a_n tend vers zéro, lorsque n et p augmentent indéfiniment, a tend vers zéro, ainsi que $\dfrac{a_1 + a_2 + \ldots + a_n}{n}$.

Si les nombres $a_1, a_2,\ldots a_n\ldots$ ont une limite a, $\dfrac{a_1 + a_2 + \ldots + a_n}{n}$ *a la même limite.*

Soit $a_n = a + a'_n$

$$\frac{a_1 + a_2 + \ldots + a_n}{n} = a + \frac{a'_1 + a'_2 + \ldots + a'_n}{n}$$

a'_n tendra vers zéro, pour $n = \infty$. $\dfrac{a'_1 + a'_2 + \ldots + a'_n}{n}$ tend aussi vers zéro. $\dfrac{a_1 + a_2 + \ldots a_n}{n}$ a donc pour limite a.

Si les deux suites $a_1, a_2,\ldots a_n\ldots$ et $b_1, b_2\ldots, b_n,\ldots$ tendent vers zéro, $\dfrac{a_1 b_n + a_2 b_{n-1} + \ldots + a_{n-1}b_2 + a_n b_1}{n}$ *tend vers zéro.*

Soit A un nombre tel que $|a_n| < A$ et $|b_n| < A$ quel que soit n ;

soit $p = \dfrac{n}{2}$ ou $\dfrac{n+1}{2}$ suivant que n est pair ou impair, et a la valeur absolue du plus grand des nombres des deux suites a_p, a_{p+1}, ..., a_n, ... et b_p, b_{p+1}, ..., b_n, ... Dans chacun des n produits $a_1 b_n$, $a_2 b_{n-1}$, ..., $a_n b_1$, l'un des indices est supérieur ou égal à p ; l'un des facteurs est inférieur ou égal à a, l'autre est toujours inférieur à A. On a donc :

$$\left| \frac{a_1 b_n + a_2 b_{n-1} + \dots + a_n b_1}{n} \right| < \mathrm{A} a.$$

Si n et p augmentent indéfiniment a tend vers zéro, ainsi que le premier membre de l'inégalité.

Si a_n et b_n ont des limites a et b, $\dfrac{a_1 b_n + a_2 b_{n-1} + \dots + a_n b_1}{n}$ *a pour limite ab.*

En effet, posons $a_n = a + a_n'$ et $b_n = b + b'_n$

$$\frac{a_1 b_n + a_2 b_{n-1} + \dots + a_n b_1}{n} = ab + a\,\frac{b'_1 + b'_2 + \dots + b'_n}{n}$$

$$+ b\,\frac{a'_1 + a'_2 + \dots + a'_n}{n} + \frac{a'_1 b'_n + a'_2 b'_{n-1} + \dots + a'_n b'_1}{n}$$

comme a'_n et b'_n tendent vers zéro, les trois fractions tendent vers zéro, et le premier membre a pour limite ab.

48. Produit de deux séries. — Soient Σu_n et Σv_n deux séries convergentes et

$$x_n = u_1 v_n + u_2 v_{n-1} + \dots + u_n v_1.$$

Posons

$$u_1 + u_2 + \dots + u_n = s_n \quad , \quad v_1 + v_2 + \dots + v_n = t_n$$

et

$$x_1 + x_2 + \dots + x_n = \mathrm{X}_n.$$

Si les trois séries Σu_n, Σv_n et Σx_n sont convergentes et ont pour sommes s, t, X, on a X $= st$.

En effet :

$$X_n = u_1(v_1 + v_2 + \ldots + v_n) + u_2(v_1 + v_2 + \ldots + v_{n-1}) + \ldots + u_n v_1$$
$$= u_1 t_n + u_2 t_{n-1} + \ldots + u_n t_1$$

$$X_1 + X_2 + \ldots + X_n = t_1(u_1 + u_2 + \ldots + u_n) + t_2(u_1 + u_2 + \ldots + u_{n-1}) + \ldots + t_n u_1$$
$$= t_1 s_n + t_2 s_{n-1} + \ldots + t_n s_1$$

$$\frac{X_1 + X_2 + \ldots + X_n}{n} = \frac{t_1 s_n + t_2 s_{n-1} + \ldots + t_n s_1}{n}.$$

Si s_n, t_n et X_n ont des limites s, t, X, le premier membre a pour limite X, le second membre a pour limite st,

$$X = st.$$

Mais la série Σx_n pourrait être divergente et ne représenterait plus le produit st; par exemple, soit $u_n = v_n = \dfrac{(-\mathrm{I})^n}{\sqrt{n}}$, la série à signes alternés Σu_n est convergente (n° **42**),

$$x_n = (-\mathrm{I})^{n+1}\left(\frac{\mathrm{I}}{\sqrt{n \cdot \mathrm{I}}} + \frac{\mathrm{I}}{\sqrt{(n-\mathrm{I})\,2}} + \ldots + \frac{\mathrm{I}}{\sqrt{\mathrm{I} \cdot n}}\right).$$

Le produit $(n - p + \mathrm{I})p$ est maximum pour $p = \dfrac{n + \mathrm{I}}{2}$,

$$\sqrt{(n - p + \mathrm{I})p} \leqslant \frac{n + \mathrm{I}}{2} \quad , \quad |x_n| > \frac{2n}{n + \mathrm{I}}$$

x_n ne tend pas vers zéro, la série Σx_n est divergente, et ne peut pas représenter le produit $\Sigma u_n \times \Sigma u_n$.

Si la série Σu_n est absolument convergente, Σv_n étant convergente, la série Σx_n est aussi convergente. En effet, on a :

$$X_n = u_1 t_n + u_2 t_{n-1} + \ldots + u_n t_1$$
$$X_n - t s_n = u_1(t_n - t) + u_2(t_{n-1} - t) + \ldots + u_n(t_1 - t).$$

La série Σv_n étant convergente, il existe un nombre A tel que $|t_n - t| < A$ quel que soit n. Soit u'_n la valeur absolue de u_n, $p = \dfrac{n}{2}$ ou $\dfrac{n + \mathrm{I}}{2}$, et ϑ la valeur absolue du plus grand des nombres $t_{p+1} - t$, $t_{p+2} - t \ldots, t_n - t$. On a :

$$|X_n - t s_n| < \theta(u'_1 + u'_2 + \ldots + u'_{n-p}) + A(u'_{n-p+1} + \ldots + u'_n)$$

$\Sigma u'_n$ est une série à termes positifs convergente, si u' est la somme et R'_n le reste de cette série,

$$|X_n - ts_n| < \theta u' + AR'_{n-p}.$$

Si n et $n - p$ augmentent indéfiniment, θ et R'_{n-p} tendent vers zéro. $X_n - ts_n$ tend vers zéro, X_n a pour limite st, donc la série Σx_n est convergente, et représente le produit st.

Si les deux séries Σu_n et Σv_n sont absolument convergentes, en remplaçant tous les termes u, v, par leurs valeurs absolues dans la série Σx_n, on a une série convergente, on peut donc décomposer le terme x_n en une somme de n termes, et considérer la série

$$u_1 v_1 + u_1 v_2 + u_2 v_1 + \ldots + u_1 v_n + u_2 v_{n-1} + \ldots + u_n v_1 + \ldots$$

dont le terme général, $u_p v_q$, a le rang $n = \dfrac{(p+q-1)(p+q-2)}{2} + p$. La série $\Sigma u_p v_q$ est absolument convergente, et l'on peut changer arbitrairement l'ordre des termes. Dans ce cas, le produit des deux séries est la série $\Sigma u_p v_q$, où les produits $u_p v_q$ sont rangés dans un ordre arbitraire, pourvu que tout produit de deux termes entre dans la série ainsi formée.

49. Séries imaginaires. — Soit $i = \sqrt{-1}$, $u_n = a_n + i b_n$. Si les deux séries Σa_n et Σb_n sont convergentes, la série

$$\Sigma u_n = \Sigma a_n + i \Sigma b_n$$

est convergente, u_n tend alors vers zéro, pour $n = \infty$.

Soit $a_n = \rho_n \cos \omega_n$, $b_n = \rho_n \sin \omega_n$, ρ_n est le module, ω_n l'argument de u_n.

$$\rho_n = + \sqrt{a^2_n + b^2_n} \quad , \quad \sin \omega_n = \frac{b_n}{\rho_n} \quad , \quad \cos \omega_n = \frac{a_n}{\rho_n}.$$

Si la série à termes positifs $\Sigma \rho_n$ est convergente, les deux séries $\Sigma \rho_n \cos \omega_n$ et $\Sigma \rho_n \sin \omega_n$ sont absolument convergentes (n° **37**), ainsi que la série à termes imaginaires Σu_n. On peut alors changer arbitrairement l'ordre des termes, sans changer la somme, puisque les deux séries Σa_n et Σb_n conservent les mêmes valeurs.

Si la série $\Sigma \rho_n$ est divergente. Comme

$$\rho_n = \sqrt{a^2_n + b^2_n} < |a_n| + |b_n|$$

la série $\Sigma[|a_n| + |b_n|]$ est aussi divergente, les séries Σa_n et Σb_n ne peuvent pas être toutes les deux absolument convergentes. Mais si elles sont convergentes la série Σu_n est simplement convergente, on ne peut plus changer arbitrairement l'ordre de ses termes, car l'une au moins des séries Σa_n, Σb_n pourrait changer de valeur.

Les théorèmes sur le produit de deux séries s'appliquent aux séries imaginaires. Dans les démonstrations (n^{os} **47** et **48**) il suffit de remplacer les valeurs absolues par les modules.

50. Séries de puissances. — Soit la série

$$f(z) = \sum_0^\infty a_n z^n = a_0 + a_1 z + a_2 z^2 + \dots + a_n z^n + \dots$$

les coefficients a_n et z pouvant être imaginaires.

Soit $|a_n|$ le module de a_n, ρ celui de z. La série $f(z)$ est absolument convergente, si la série $\sum_1^\infty |a_n| \rho^n$ est convergente. En appliquant la règle de Cauchy (n° **11**) on formera la plus grande limite de $\sqrt[n]{|a_n| \rho^n} = \rho \sqrt[n]{|a_n|}$. Si $\mathcal{L}$ est la plus grande limite de $\sqrt[n]{|a_n|}$, celle de $\sqrt[n]{|a_n| \rho^n}$ est $\rho \mathcal{L}$. Donc, si $\rho < \frac{1}{\mathcal{L}}$ la série $f(z)$ est absolument convergente. Si $\rho > \frac{1}{\mathcal{L}}$, il y a des termes en nombre illimité tels que $|a_n| \rho^n$ est supérieur à 1, la série $f(z)$ est divergente, car le terme général ne tend pas vers zéro.

Si $\rho = \frac{1}{\mathcal{L}}$, la série $f(z)$ peut être divergente, ou simplement convergente, ou absolument convergente. Si z ne prend que des valeurs pour lesquelles la série est convergente, cette série a une valeur qui dépend de la valeur imaginaire z, c'est une fonction de la variable z.

En particulier, si les coefficients a_n, et z, sont réels, la série est convergente pour les valeurs de z comprises entre $-\frac{1}{\mathcal{L}}$ et $+\frac{1}{\mathcal{L}}$, pour chacune de ces valeurs extrêmes elle peut être convergente, ou divergente.

51. Série de Taylor. — Soit z une valeur de module inférieur à $\frac{1}{\mathcal{L}}$, et h un accroissement réel ou imaginaire assez petit pour que la somme des modules $|z| + |h|$ soit inférieur à $\frac{1}{\varrho}$. On a :

$$f(z+h) = \sum_0^\infty a_n(z+h)^n = \sum_0^\infty a_n\left(z^n + nhz^{n-1} + \frac{n(n-1)}{2}h^2 z^{n-2} + \ldots + h^n\right).$$

Mais comme $|z| + |h| < \frac{1}{\varrho}$, la série $\Sigma |a_n|(|z| + |h|)^n$ est convergente, on peut remplacer $(z + h)^n$ par son développement, et le décomposer en $n + 1$ termes, on a une série absolument convergente. On peut alors mettre les termes de la série $f(z + h)$ ainsi décomposés dans un ordre arbitraire, et remplacer cette série par une suite de séries (n° **26**), car chaque série imaginaire est une somme de deux séries réelles, dont l'une est multipliée par i, sur lesquelles on peut faire les mêmes transformations. Si on pose :

$$f'(z) = \sum_1^\infty na_n z^{n-1} \quad , \quad f''(z) = \sum_2^\infty n(n-1)a_n z^{n-2}, \ldots$$

$$f^{(p)}(z) = \Sigma n(n-1) \ldots (n-p+1)a_n z^{n-p},$$

on a la série de Taylor.

$$f(z + h) = f(z) + hf'(z) + \frac{h^2}{2}f''(z) + \ldots + \frac{h^p}{1 \cdot 2 \ldots p}f^{(p)}(z) + \ldots$$

Si h tend vers zéro, $\frac{f(z + h) - f(z)}{h}$ a pour limite $f'(z)$, qui représente la dérivée de la fonction $f(z)$, définie par la série $\sum_0^\infty a_n z^n$.

Comme $\sqrt[n]{n}$ tend vers 1, la plus grande limite $\mathcal{L}$ de $\sqrt[n]{n|a_n|}$ est celle de $\sqrt[n]{|a_n|}$, les deux séries $f(z)$ et $f'(z)$ sont absolument convergentes si $|z| < \frac{1}{\varrho}$.

La dérivée de $f'(z)$ se formera de la même manière, c'est la série $f''(z)$; $f^{(p)}(z)$ est la dérivée d'ordre p de $f(z)$.

Pour $z = 0$, on a

$$f(0) = a_0 \quad , \quad f'(0) = a_1 \quad , \quad f''(0) = 2a_2, \ldots$$

$$f^{(p)}(0) = p(p-1) \ldots 2\, a_p.$$

On en déduit la formule de Maclaurin :

$$f(z) = f(0) + zf'(0) + \frac{z^2}{2}f''(0) + \ldots + \frac{z^n}{1 \cdot 2 \cdot 3 \ldots n}f^{(n)}(0) + \ldots$$

qui donne l'expression d'une fonction $f(z)$ développée en série, lorsqu'on connaît les valeurs des dérivées pour $z = 0$, et que ce développement est possible.

52. Formules d'Euler. — La formule de Maclaurin appliquée aux fonctions e^x, $\sin x$, $\cos x$ de la variable réelle x, donne

$$e^x = 1 + x + \frac{x^2}{2} + \ldots + \frac{x^n}{1 \cdot 2 \ldots n} + \ldots$$

$$\sin x = x - \frac{x^3}{2 \cdot 3} + \ldots + (-1)^n \frac{x^{2n+1}}{1 \cdot 2 \ldots (2n+1)} + \ldots$$

$$\cos x = 1 - \frac{x^2}{2} + \ldots + (-1)^n \frac{x^{2n}}{1 \cdot 2 \ldots (2n)} + \ldots$$

si x a une valeur imaginaire, ces formules définissent les fonctions e^x, $\sin x$ et $\cos x$, la règle de Dalembert montre que ces séries sont convergentes pour toute valeur de x.

Si on remplace x par xi, on a :

$$e^{xi} = 1 + xi - \frac{x^2}{2} - \frac{x^3 i}{2 \cdot 3} + \frac{x^4}{2 \cdot 3 \cdot 4} + \ldots$$

$$= 1 - \frac{x^2}{2} + \frac{x^4}{2 \cdot 3 \cdot 4} + \ldots + i\left(x - \frac{x^3}{2 \cdot 3} + \ldots \right)$$

$$= \cos x + i \sin x.$$

On trouve de même :

$$e^{-xi} = \cos x - i \sin x.$$

On en déduit les formules d'Euler :

$$\cos x = \frac{e^{xi} + e^{-xi}}{2} \quad , \quad \sin x = \frac{e^{xi} - e^{-xi}}{2i} .$$

Si on multiplie e^x par e^y, on a :

$$e^x \times e^y = \left(1 + x + \frac{x^2}{2} + \ldots + \frac{x^n}{1.2\ldots n} + \ldots \right) \left(1 + y + \frac{y^2}{2} + \ldots + \frac{y^n}{1.2\ldots n} + \ldots \right)$$

$$= 1 + (x + y) + \frac{1}{2}(x^2 + 2xy + y^2) + \ldots$$

$$+ \frac{1}{1 \cdot 2 \ldots n}\left(x^n + \frac{n}{1} x^{n-1} y + \frac{n(n-1)}{1 \cdot 2} x^{n-2} y^2 + \ldots + y^n \right) + \ldots$$

$$= 1 + (x + y) + \frac{1}{2}(x + y)^2 + \ldots + \frac{(x + y)^n}{1 \cdot 2 \ldots n} + \ldots$$

$$= e^{x+y}.$$

En particulier

$$e^{2\pi i} = \cos 2\pi + i \sin 2\pi = 1$$

$$e^{x + 2k\pi i} = e^x \times e^{2k\pi i} = e^x$$

quel que soit le nombre entier k.

$$e^{x+yi} = e^x . e^{yi} = e^x(\cos y + i \sin y).$$

En multipliant e^{yi}, n fois par lui-même, on a

$$(e^{yi})^n = e^{nyi} = \cos ny + i \sin ny = (\cos y + i \sin y)^n.$$

53. Logarithmes imaginaires. — Soit $x + yi$ le logarithme de la quantité imaginaire $\rho e^{\omega i}$ ou $\rho(\cos \omega + i \sin \omega)$, x, y, ρ et ω étant réels

$$L\big(\rho e^{\omega i}\big) = x + yi$$

il est défini, comme pour les variables réelles, par l'équation inverse

$$\rho e^{\omega i} = e^{x+yi} = e^x . e^{yi}$$

on en déduit

$$\rho = e^x \quad , \quad y = \omega + 2k\pi \quad , \quad x = L\rho$$

ou :

$$L\big(\rho e^{\omega i}\big) = L\rho + \omega i + 2k\pi i$$

k étant un nombre entier arbitraire.

Si $Lz = u$, $z = e^u$ donne la dérivée

$$\frac{dz}{du} = e^u = z \quad , \quad \frac{du}{dz} = \frac{1}{z}.$$

La fonction $L(1 + z)$ a pour dérivée $\dfrac{1}{1+z}$ que l'on peut développer par la progression géométrique :

$$\frac{1}{1+z} = 1 - z + z^2 \ldots + (-1)^{n-1} z^{n-1} + \ldots$$

On en déduit

$$L(1 + z) = z - \frac{z^2}{2} + \frac{z^3}{3} \ldots + (-1)^{n-1} \frac{z^n}{n} + \ldots$$

car $L(1) = 0$, pour $z = 0$. Cette série est convergente si $|z| < 1$.

Soit

$$z = \rho e^{\omega i} \quad \text{et} \quad \mathrm{L}(1 + \rho \cos \omega + i\rho \sin \omega) = x + yi$$

$$1 + \rho \cos \omega + i\rho \sin \omega = e^{x}(\cos y + i \sin y)$$

$$1 + \rho \cos \omega = e^{x} \cos y \quad , \quad \rho \sin \omega = e^{x} \sin y$$

$$e^{2x} = (1 + \rho \cos \omega)^{2} + \rho^{2} \sin^{2}\omega = 1 + \rho^{2} + 2\rho \cos \omega$$

$$\operatorname{tg} y = \frac{\rho \sin \omega}{1 + \rho \cos \omega} \quad , \quad 2x = \mathrm{L}(1 + \rho^{2} + 2\rho \cos \omega)$$

$\sin y$ ayant le signe de $\sin \omega$, et $\cos y$ le signe de $1 + \rho \cos \omega$. Le développement en série $\Sigma(-1)^{n-1} \frac{\rho^{n}}{n} e^{n\omega i}$ représente la fonction

$$\mathrm{L}(1 + \rho e^{\omega i}) = \frac{1}{2} \mathrm{L}(1 + \rho^{2} + 2\rho \cos \omega) + i \arctan \frac{\rho \sin \omega}{1 + \rho \cos \omega}$$

pour $\rho = 0$ cet arc est nul. Si, ω restant fixe, ρ varie de o à 1, $\frac{\rho \sin \omega}{1 + \rho \cos \omega}$ varie de o à $\frac{\sin \omega}{1 + \cos \omega} = \operatorname{tg} \frac{\omega}{2}$. La série varie d'une façon continue avec ρ, lorsque la tangente varie de o à $\operatorname{tg} \frac{\omega}{2}$, l'arc doit varier d'une façon continue et restera compris entre $-\frac{\pi}{2}$ et $+\frac{\pi}{2}$, on a alors, si $\rho = 1$:

$$\mathrm{L}(1 + e^{\omega i}) = \frac{1}{2} \mathrm{L}(2 + 2 \cos \omega) + i\frac{\omega}{2} = \sum_{1}^{\infty} \frac{(-1)^{n-1}}{n} e^{n\omega i}$$

où $-\pi < \omega < \pi$. Il résulte du théorème d'Abel (n° **41**) que cette série est convergente, pour ces valeurs de ω ; pour $\omega = \pm \pi$ elle est divergente.

CHAPITRE IV

—

SOMMATION ET CALCULS NUMÉRIQUES

54. Sommation directe. — On peut facilement former une série ayant une somme connue (n° 2). Inversement supposons que le terme général u_n d'une série puisse se mettre sous la forme

$$u_n = a_n - a_{n+1}$$

quel que soit n, les nombres a_1, a_2, ..., a_n, ayant une limite a. On aura

$$s_{n-1} = u_1 + u_2 + \ldots + u_{n-1} = (a_1 - a_2) + (a_2 - a_3) + \ldots + (a_{n-1} - a_n) =$$
$$= a_1 - a_n.$$

La somme

$$s = \sum_1^\infty u_n = a_1 - a.$$

Si a_n tend vers zéro, $s = a_1$.

Par exemple, on a :

$$\frac{1}{(n + c - 1)(n + c)} = \frac{1}{n + c - 1} - \frac{1}{n + c},$$

$$\frac{1}{c(c + 1)} + \frac{1}{(c + 1)(c + 2)} + \ldots + \frac{1}{(c + n - 1)(c + n)} + \ldots = \frac{1}{c}.$$

En particulier, si $c = 1$, ou $\frac{1}{2}$, on a :

$$\sum_1^\infty \frac{1}{n(n+1)} = 1, \qquad \sum_1^\infty \frac{1}{(2n-1)(2n+1)} = \frac{1}{4} \sum_1^\infty \frac{1}{\left(n - \frac{1}{2}\right)\left(n + \frac{1}{2}\right)} = \frac{1}{2}.$$

On a de même

$$\frac{1}{(n+c-1)(n+c)(n+c+1)} = \frac{1}{2}\left(\frac{1}{(n+c-1)(n+c)} - \frac{1}{(n+c)(n+c+1)}\right),$$

$$\sum_1^\infty \frac{1}{(n+c-1)(n+c)(n+c+1)} = \frac{1}{2c(c+1)},$$

et

$$\frac{1}{(n+c-1)(n+c)(n+c+1)(n+c+2)} =$$

$$= \frac{1}{3}\left(\frac{1}{(n+c-1)(n+c)(n+c+1)} - \frac{1}{(n+c)(n+c+1)(n+c+2)}\right),$$

$$\sum_1^\infty \frac{1}{(n+c-1)(n+c)(n+c+1)(n+c+2)} = \frac{1}{3c(c+1)(c+2)}.$$

En particulier :

$$\sum_1^\infty \frac{1}{n(n+1)(n+2)} = \frac{1}{2}\sum_1^\infty \left(\frac{1}{n(n+1)} - \frac{1}{(n+1)(n+2)}\right) = \frac{1}{4},$$

$$\sum_1^\infty \frac{1}{n(n+1)(n+2)(n+3)} = \frac{1}{18}.$$

Posons encore :

$$a_n = -\frac{1}{2^{n-2}}\cotg\frac{x}{2^{n-2}}$$

qui a pour limite $\dfrac{-1}{x}$, car

$$\frac{\tg\frac{x}{2^n}}{\frac{x}{2^n}}$$

tend vers 1. En remarquant que

$$\cotg x - 2\cotg 2x = \frac{1}{\tg x} - \frac{1 - \tg^2 x}{\tg x} = \tg x,$$

on a :

$$a_n - a_{n+1} = \frac{1}{2^{n-1}}\left(-2\cotg 2\frac{x}{2^{n-1}} + \cotg\frac{x}{2^{n-1}}\right) = \frac{1}{2^{n-1}}\tg\frac{x}{2^{n-1}},$$

$$\tg x + \frac{1}{2}\tg\frac{x}{2} + \frac{1}{4}\tg\frac{x}{4} + \dots + \frac{1}{2^n}\tg\frac{x}{2^n} + \dots = \frac{1}{x} - 2\cotg 2x.$$

De même, soit

$$a_n = \text{arc tg } \frac{c}{a + n - 1},$$

c et a étant positifs, et $0 < a_n < \frac{\pi}{2}$. a_n tend vers zéro, si n augmente indéfiniment. On a :

$$\text{arc tg } x - \text{arc tg } y = \text{arc tg } \frac{x - y}{1 + xy},$$

si x et y sont positifs, les deux arcs étant compris entre 0 et $\frac{\pi}{2}$, l'arc du second membre sera compris entre $-\frac{\pi}{2}$ et $+\frac{\pi}{2}$.

$$a_n - a_{n+1} = \text{arc tg } \frac{\dfrac{c}{a+n-1} - \dfrac{c}{a+n}}{1 + \dfrac{c^2}{(a+n)(a+n-1)}} = \text{arc tg } \frac{c}{c^2 + (a+n)(a+n-1)},$$

$$\sum_1^\infty \text{arc tg } \frac{c}{c^2 + (a+n)(a+n-1)} = \text{arc tg } \frac{c}{a}.$$

Si $c = a$, on a :

$$\sum_1^\infty \text{arc tg } \frac{a}{a^2 + (a+n)(a+n-1)} = \frac{\pi}{4}.$$

Par exemple, pour $a = 1$, ou $\frac{1}{2}$, on a :

$$\text{arc tg } \frac{1}{3} + \text{arc tg } \frac{1}{7} + \ldots + \text{arc tg } \frac{1}{n^2 + n + 1} + \ldots = \frac{\pi}{4},$$

$$\text{arc tg } \frac{1}{2} + \text{arc tg } \frac{1}{8} + \ldots + \text{arc tg } \frac{1}{2\,n^2} + \ldots = \frac{\pi}{4}.$$

Si $c = a\sqrt{3}$,

$$\sum_1^\infty \text{arc tg } \frac{a\sqrt{3}}{n^2 + n(2a-1) + a(4a-1)} = \frac{\pi}{3},$$

$$\sum_1^\infty \text{arc tg } \frac{\sqrt{3}}{1 + 2\,n^2} = \frac{\pi}{3},$$

$$\sum_1^\infty \text{arc tg } \frac{\sqrt{3}}{2\,n(2\,n-1)} = \frac{\pi}{3}.$$

55. Exemples. — Si $u_n = a_n - a_{n+p}$, quel que soit n, p étant un nombre entier fixe, on a :

$$s_n = u_1 + u_2 + \ldots + u_n = (a_1 - a_{1+p}) + (a_2 - a_{2+p}) + \ldots + (a_n - a_{n+p}) =$$
$$= a_1 + a_2 + \ldots + a_p - (a_{n+1} + a_{n+2} + \ldots + a_{n+p}).$$

Si a_n a une limite a; a_{n+1}, a_{n+2}, ..., a_{n+p} auront la même limite, lorsque n augmente indéfiniment, et

$$s = \sum_1^\infty u_n = a_1 + a_2 + \ldots + a_p - pa.$$

Par exemple, soit

$$a_n = \frac{1}{n + c},$$

qui tend vers zéro,

$$\frac{1}{n+c} - \frac{1}{n+c+p} = \frac{p}{(n+c)(n+c+p)},$$

$$\sum_1^\infty \frac{1}{(n+c)(n+c+p)} = \frac{1}{p}\left(\frac{1}{c+1} + \frac{1}{c+2} + \ldots + \frac{1}{c+p}\right).$$

Si $c = 0$, on a :

$$\frac{1}{1.3} + \frac{1}{2.4} + \ldots + \frac{1}{n(n+2)} + \ldots = \frac{1}{2}\left(1 + \frac{1}{2}\right) = \frac{3}{4},$$

$$\frac{1}{1.4} + \frac{1}{2.5} + \ldots + \frac{1}{n(n+3)} + \ldots = \frac{1}{3}\left(1 + \frac{1}{2} + \frac{1}{3}\right) = \frac{11}{18}.$$

Si $c = -\frac{1}{2}$:

$$\sum_1^\infty \frac{1}{(2n-1)(2n-1+2p)} = \frac{1}{4}\sum_1^\infty \frac{1}{\left(n-\frac{1}{2}\right)\left(n-\frac{1}{2}+p\right)} =$$

$$= \frac{1}{2p}\left(1 + \frac{1}{3} + \frac{1}{5} + \ldots + \frac{1}{2p-1}\right).$$

$$\frac{1}{1.5} + \frac{1}{3.7} + \ldots + \frac{1}{(2n-1)(n+3)} + \ldots = \frac{1}{4}\left(1 + \frac{1}{3}\right) = \frac{1}{3}$$

$$\frac{1}{1.7} + \frac{1}{3.9} + \ldots + \frac{1}{(2n-1)(2n+5)} + \ldots = \frac{1}{6}\left(1 + \frac{1}{3} + \frac{1}{5}\right) = \frac{23}{90}.$$

Si on pose

$$a_n = \frac{1}{(n+c)(n+c+p)}$$

on a :

$$a_n - a_{n+p} = \frac{1}{(n+c)(n+c+p)} - \frac{1}{(n+c+p)(n+c+2p)}$$

$$= \frac{2p}{(n+c)(n+c+p)(n+c+2p)}$$

$$\sum_1^\infty \frac{1}{(n+c)(n+c+p)(n+c+2p)} = \frac{1}{2p} \sum_1^p \frac{1}{(n+c)(n+c+p)}.$$

Par exemple :

$$\sum_1^\infty \frac{1}{n(n+p)(n+2p)} = \frac{1}{2p} \sum_1^p \frac{1}{n(n+p)}$$

$$\frac{1}{1.3.5} + \frac{1}{2.4.6} + \dots + \frac{1}{n(n+2)(n+4)} + \dots = \frac{1}{4}\left(\frac{1}{3}+\frac{1}{8}\right) = \frac{11}{96}$$

$$\frac{1}{1.4.7} + \frac{1}{2.5.8} + \dots + \frac{1}{n(n+3)(n+6)} + \dots = \frac{1}{6}\left(\frac{1}{4}+\frac{1}{10}+\frac{1}{18}\right) = \frac{73}{1080}$$

$$\sum_1^\infty \frac{1}{(2n-1)(2n-1+2p)(2n-1+4p)} = \frac{1}{4p} \sum_1^p \frac{1}{(2n-1)(2n-1+2p)}$$

$$\frac{1}{1.5.9} + \frac{1}{3.7.11} + \dots + \frac{1}{(2n-1)(2n+3)(2n+7)} + \dots$$

$$= \frac{1}{8}\left(\frac{1}{1.5} + \frac{1}{3.7}\right) = \frac{13}{420}.$$

Posons encore

$$a_n = \arctan \frac{c}{a+n}$$

c et $a+1$ étant positifs, $0 < a_n < \frac{\pi}{2}$. a_n tend vers zéro, si n augmente indéfiniment

$$a_n - a_{n+p} = \arctan \frac{\dfrac{c}{a+n} - \dfrac{c}{a+n+p}}{1 + \dfrac{c^2}{(a+n)(a+n+p)}} = \arctan \frac{cp}{c^2 + (a+n)(a+n+p)}$$

cet arc est aussi compris entre 0 et $\dfrac{\pi}{2}$

$$\sum_{1}^{\infty} \operatorname{arc\ tg} \frac{cp}{n^2 + (2a + p)n + c^2 + a(a + p)}$$

$$= \operatorname{arc\ tg} \frac{c}{a + 1} + \operatorname{arc\ tg} \frac{c}{a + 2} + \ldots + \operatorname{arc\ tg} \frac{c}{a + p}$$

ou, en posant :

$$a + \frac{p}{2} = A \quad , \quad c^2 = B - a(a + p) = B - A^2 + \frac{p^2}{4}$$

$$A + 1 > \frac{p}{2} \quad , \quad B > A^2 - \frac{p^2}{4}$$

$$\sum_{1}^{\infty} \operatorname{arc\ tg} \frac{p \sqrt{B - A^2 + \dfrac{p^2}{4}}}{n^2 + 2An + B} = \sum_{1}^{p} \operatorname{arc\ tg} \frac{\sqrt{B - A^2 + \dfrac{p^2}{4}}}{n + A - \dfrac{p}{2}}$$

Si $B = A^2$, on a :

$$\sum_{1}^{\infty} \operatorname{arc\ tg} \frac{p^2}{2(n + A)^2} = \sum_{1}^{p} \operatorname{arc\ tg} \frac{p}{2n + 2A - p} \quad , \quad A > \frac{p}{2} - 1.$$

Par exemple :

$$\sum_{0}^{\infty} \operatorname{arc\ tg} \frac{2}{(n + A)^2} = \operatorname{arc\ tg} \frac{2}{A^2} + \sum_{1}^{\infty} \operatorname{arc\ tg} \frac{2}{(n + A)^2}$$

$$= \operatorname{arc\ tg} \frac{2}{A^2} + \operatorname{arc\ tg} \frac{1}{A} + \operatorname{arc\ tg} \frac{1}{A + 1} = \operatorname{arc\ tg} \frac{1}{A} + \operatorname{arc\ tg} \frac{1}{A - 1}$$

$$\operatorname{arc\ tg} \frac{2}{1} + \operatorname{arc\ tg} \frac{2}{2^2} + \ldots + \operatorname{arc\ tg} \frac{2}{n^2} + \ldots = \operatorname{arc\ tg} 1 + \operatorname{arc\ tg} \frac{1}{0} = \frac{3\pi}{4}$$

$$\operatorname{arc\ tg} \frac{8}{1} + \operatorname{arc\ tg} \frac{8}{3^2} + \ldots + \operatorname{arc\ tg} \frac{8}{(2n + 1)^2} + \ldots = \operatorname{arc\ tg} 2 + \operatorname{arc\ tg}(-2) = \pi$$

$$\operatorname{arc\ tg} \frac{18}{4^2} + \operatorname{arc\ tg} \frac{18}{7^2} + \ldots + \operatorname{arc\ tg} \frac{18}{(3n + 1)^2} + \ldots = \operatorname{arc\ tg} \frac{3}{4} + \operatorname{arc\ tg} 3$$

$$= \operatorname{arc\ tg}(-3) = \pi - \operatorname{arc\ tg} 3$$

$$\operatorname{arc\ tg} \frac{32}{1} + \operatorname{arc\ tg} \frac{32}{5^2} + \ldots + \operatorname{arc\ tg} \frac{32}{(4n + 1)^2} + \ldots = \operatorname{arc\ tg} 4 + \operatorname{arc\ tg}\left(-\frac{4}{3}\right)$$

$$= \pi + \operatorname{arc\ tg} 4 - \operatorname{arc\ tg} \frac{4}{3} = \pi + \operatorname{arc\ tg} \frac{8}{19}.$$

Si

$$p = 3 \quad , \quad A > \frac{1}{2},$$

on a :

$$\sum_1^\infty \operatorname{arc\,tg} \frac{9}{2\,(n+A)^2} = \operatorname{arc\,tg} \frac{3}{2A-1} + \operatorname{arc\,tg} \frac{3}{2A+1} + \operatorname{arc\,tg} \frac{3}{2A+3}$$

$$= \operatorname{arc\,tg} \frac{3}{2A+1} + \operatorname{arc\,tg} \frac{3}{2} \frac{2A+1}{A^2+A-3}$$

ce dernier arc, somme de deux arcs positifs, est compris entre o et π.

Par exemple, si $A = 1$, ou $\frac{3}{2}$

$$\operatorname{arc\,tg} \frac{9}{2} + \operatorname{arc\,tg} \frac{9}{2 \cdot 2^2} + \ldots + \operatorname{arc\,tg} \frac{9}{2 \cdot n^2} + \ldots$$

$$= \operatorname{arc\,tg} \frac{9}{2} + \operatorname{arc\,tg} 1 + \operatorname{arc\,tg} \frac{-9}{2} = \pi + \frac{\pi}{4}$$

$$\operatorname{arc\,tg} \frac{18}{1} + \operatorname{arc\,tg} \frac{18}{3^2} + \ldots + \operatorname{arc\,tg} \frac{18}{(2n+1)^2} + \ldots$$

$$= \operatorname{arc\,tg} 18 + \operatorname{arc\,tg} 2 + \operatorname{arc\,tg} \frac{3}{4} + \operatorname{arc\,tg} 8$$

$$= \operatorname{arc\,tg} \left(-\frac{4}{7}\right) + \operatorname{arc\,tg}\left(-\frac{7}{4}\right) = 2\pi - \operatorname{arc\,tg} \frac{4}{7} - \operatorname{arc\,tg} \frac{7}{4} = \frac{3\pi}{2}.$$

Si $B = A^2 - \frac{1}{4}$, on a :

$$\sum_1^\infty \operatorname{arc\,tg} \frac{2\,p\sqrt{p^2-1}}{(2n+2A-1)(2n+2A+1)} = \sum_1^p \operatorname{arc\,tg} \frac{\sqrt{p^2-1}}{2n+2A-p}.$$

Par exemple

$$\sum_1^\infty \operatorname{arc\,tg} \frac{4\sqrt{3}}{(2n+2A-1)(2n+2A+1)} = \operatorname{arc\,tg} \frac{\sqrt{3}}{2A} + \operatorname{arc\,tg} \frac{\sqrt{3}}{2(A+1)}$$

$$= \operatorname{arc\,tg} \frac{2\sqrt{3}(2A+1)}{(2A-1)(2A+3)}$$

$$\operatorname{arc\,tg} \frac{\sqrt{3}}{1 \cdot 2} + \operatorname{arc\,tg} \frac{\sqrt{3}}{2 \cdot 3} + \ldots + \operatorname{arc\,tg} \frac{\sqrt{3}}{n(n+1)} + \ldots = \frac{\pi}{2}.$$

56. Généralisation. — Supposons que l'on ait, quel que soit n :

$$u_n = \lambda_0 a_n + \lambda_1 a_{n+1} + \lambda_2 a_{n+2} + \dots + \lambda_p a_{n+p}$$

où λ_0, λ_1, … λ_p sont des nombres fixes tels que

$$\lambda_0 + \lambda_1 + \lambda_2 + \dots + \lambda_p = 0$$

a_n ayant une limite a. On aura :

$$u_1 + u_2 + \dots + u_n = \lambda_0 a_1 + (\lambda_0 + \lambda_1)a_2 + (\lambda_0 + \lambda_1 + \lambda_2)a_3 + \dots$$
$$+ (\lambda_0 + \lambda_1 + \dots + \lambda_{p-1})a_p + (\lambda_1 + \lambda_2 + \dots + \lambda_p)a_{n+1}$$
$$+ (\lambda_2 + \dots + \lambda_p)a_{n+2} + \dots + \lambda_p a_{n+p}$$

et

$$S = \sum_1^\infty u_n = \lambda_0 a_1 + (\lambda_0 + \lambda_1)a_2 + \dots$$
$$+ (\lambda_0 + \lambda_1 + \dots + \lambda_{p-1})a_p + (\lambda_1 + 2\lambda_2 + \dots + p\lambda_p)a.$$

Par exemple, soient p et q deux nombres entiers $0 < p < q$, et :

$$u_n = \frac{1}{(n+c)(n+c+p)(n+c+q)} = \frac{1}{pq(q-p)}\left(\frac{q-p}{n+c} - \frac{q}{n+c+p} + \frac{p}{n+c+q}\right)$$

si

$$a_n = \frac{1}{pq(p-q)(n+c)},$$

on a :

$$u_n = (p - q)a_n + qa_{n+p} - pa_{n+q}$$

$$\sum_1^\infty \frac{1}{(n+c)(n+c+p)(n+c+q)} = \frac{1}{pq}\left(\frac{1}{c+1} + \frac{1}{c+2} + \dots + \frac{1}{c+p}\right)$$
$$- \frac{1}{q(q-p)}\left(\frac{1}{c+p+1} + \frac{1}{c+p+2} + \dots + \frac{1}{c+q}\right).$$

Ainsi :

$$\sum_1^\infty \frac{1}{n(n+2)(n+5)} = \frac{1}{10}\left(1 + \frac{1}{2}\right) - \frac{1}{15}\left(\frac{1}{3} + \frac{1}{4} + \frac{1}{5}\right) = \frac{22}{225}.$$

Considérons la série plus générale :

$$\sum \frac{f(n)}{(n+c)(n+c+q_1)(n+c+q_2)\dots(n+c+q_p)}$$

q_1, q_2, ... q_p étant des nombres entiers positifs, $f(n)$ un polynôme, qui doit être au plus de degré $p - 1$ pour que la série soit convergente (n° 15). La décomposition en fractions simples donne :

$$u_n = \frac{\lambda_0}{n + c} + \frac{\lambda_1}{n + c + q_1} + ... + \frac{\lambda_p}{n + c + q_p}$$

$$\lambda_0 + \lambda_1 + ... + \lambda_p = 0.$$

Si $q_1 < q_2 < ... < q_p$, on aura :

$$\sum_1^\infty u_n = \lambda_0 \left(\frac{1}{c + 1} + \frac{1}{c + 2} + ... + \frac{1}{c + q_1} \right)$$

$$+ (\lambda_0 + \lambda_1) \left(\frac{1}{c + q_1 + 1} + ... + \frac{1}{c + q_2} \right) + ...$$

$$+ (\lambda_0 + \lambda_1 + ... + \lambda_{p-1}) \left(\frac{1}{c + q_{p-1} + 1} + ... + \frac{1}{c + q_p} \right).$$

57. Application des imaginaires. — Il peut arriver que u_n soit une fraction rationnelle qui se décompose en fractions à coefficients imaginaires auxquelles les méthodes précédentes pourront s'appliquer. Ainsi on a (n° 55) :

$$\frac{1}{n + a + bi} - \frac{1}{n + a + bi + p} = \frac{p}{(n + a + bi)(n + a + bi + p)}$$

$$\frac{1}{n + a - bi} - \frac{1}{n + a - bi + p} = \frac{p}{(n + a - bi)(n + a - bi + p)}.$$

Par addition et soustraction, on en déduit :

$$\frac{n + a}{(n + a)^2 + b^2} - \frac{n + a + p}{(n + a + p)^2 + b^2} = p \frac{(n + a)(n + a + p) - b^2}{[(n + a)^2 + b^2][(n + a + p)^2 + b^2]}$$

$$\frac{1}{(n + a)^2 + b^2} - \frac{1}{(n + a + p)^2 + b^2} = p \frac{2(n + a) + p}{[(n + a)^2 + b^2][(n + a + p)^2 + b^2]}.$$

On en déduit deux séries que l'on peut sommer, soit en les ramenant aux séries à coefficients imaginaires, soit par réduction directe :

$$\sum_1^\infty \frac{(n+a)(n+a+p) - b^2}{[(n+a)^2 + b^2][(n+a+p)^2 + b^2]}$$

$$= \frac{1}{p}\sum_1^\infty\left(\frac{n+a}{(n+a)^2+b^2} - \frac{n+a+p}{(n+a+p)^2+b^2}\right) = \frac{1}{p}\sum_1^p \frac{n+a}{(n+a)^2+b^2}$$

$$\sum_1^\infty \frac{2(n+a)+p}{[(n+a)^2+b^2][(n+a+p)^2+b^2]}$$

$$= \frac{1}{p}\sum_1^\infty\left(\frac{1}{(n+a)^2+b^2} - \frac{1}{(n+a+p)^2+b^2}\right) = \frac{1}{p}\sum_1^p \frac{1}{(n+a)^2+b^2}.$$

Par exemple :

$$\frac{-1}{1+4} + \frac{2^2-2}{2^4+4} + \dots + \frac{n^2-2}{n^4+4} + \dots = \sum_1^\infty \frac{(n-1)(n+1)-1}{[(n-1)^2+1][(n+1)^2+1]}$$

$$= \frac{1}{2}\sum_1^2 \frac{n-1}{(n-1)^2+1} = \frac{1}{4}.$$

Si $b = 0$, on a :

$$\sum_1^\infty \frac{2(n+a)+p}{(n+a)^2(n+a+p)^2} = \frac{1}{p}\sum_1^p \frac{1}{(n+a)^2}$$

par exemple, pour $a = 0$:

$$\frac{3}{1^2 \cdot 2^2} + \frac{5}{2^2 \cdot 3^2} + \dots + \frac{2n+1}{n^2(n+1)^2} + \dots = 1$$

$$\frac{2}{1^2 \cdot 3^2} + \frac{3}{2^2 \cdot 4^2} + \dots + \frac{n+1}{n^2(n+2)^2} + \dots = \frac{1}{4}\left(1 + \frac{1}{4}\right) = \frac{5}{16}$$

$$\frac{5}{1^2 \cdot 4^2} + \frac{7}{2^2 \cdot 5^2} + \dots + \frac{2n+3}{n^2(n+3)^2} + \dots = \frac{1}{3}\left(1 + \frac{1}{4} + \frac{1}{9}\right) = \frac{49}{108}.$$

Si $a = -\frac{1}{2}$, on a :

$$\sum_1^\infty \frac{2n-1+p}{(2n-1)^2(2n-1+2p)^2} = \frac{1}{4p}\sum_1^p \frac{1}{(2n-1)^2}$$

$$\frac{1}{1^2 \cdot 3^2} + \frac{2}{3^2 \cdot 5^2} + \dots + \frac{n}{(2n-1)^2(2n+1)^2} + \dots = \frac{1}{8}$$

$$\frac{3}{1^2 \cdot 5^2} + \frac{5}{3^2 \cdot 7^2} + \dots + \frac{2n+1}{(2n-1)^2(2n+3)^2} + \dots = \frac{1}{8}\left(1 + \frac{1}{9}\right) = \frac{5}{36}$$

58. Méthode analytique. — La série $\displaystyle\sum_1^\infty u_n$ est égale à la valeur, pour $x = 1$, de la fonction $\displaystyle\sum_1^\infty u_n x^n$. Si cette fonction a une expression simple, on en déduit la valeur de la série.

Soit la série $1 - \dfrac{1}{2} + \dfrac{1}{3} - \ldots + \dfrac{(-1)^{n+1}}{n} + \ldots$ la fonction $f(x) = \displaystyle\sum_1^\infty (-1)^{n+1} \dfrac{x^n}{n}$ a pour dérivée

$$f'(x) = \sum_0^\infty (-x)^n = \frac{1}{1+x}$$

comme $f(0) = 0$, on a :

$$f(x) = \mathrm{L}\,(1+x) = x - \frac{x^2}{2} + \frac{x^3}{3} - \ldots$$

et

$$1 - \frac{1}{2} + \frac{1}{3} - \frac{1}{4} + \ldots = \mathrm{L}2.$$

On a également :

$$(1+x)\,\mathrm{L}\,(1+x) = x + \sum_2^\infty (-x)^n \left(\frac{1}{n-1} - \frac{1}{n}\right) = x + \sum_2^\infty \frac{(-x)^n}{(n-1)\,n}$$

et

$$\frac{1}{1 \cdot 2} - \frac{1}{2 \cdot 3} + \frac{1}{3 \cdot 4} \ldots + \frac{(-1)^{n+1}}{n\,(n+1)} + \ldots = 2\,\mathrm{L}2 - 1.$$

Du développement

$$\frac{1}{1+x^2} = 1 - x^2 + x^4 \ldots$$

on déduit

$$\text{arc tg } x = x - \frac{x^3}{3} + \frac{x^5}{5} \ldots + (-1)^{n+1} \frac{x^{2n-1}}{2n-1} + \ldots$$

l'arc étant compris entre $-\dfrac{\pi}{2}$ et $+\dfrac{\pi}{2}$; et :

$$1 - \frac{1}{3} + \frac{1}{5} \ldots + \frac{(-1)^{n+1}}{2n-1} + \ldots = \frac{\pi}{4}.$$

59. Application aux produits illimités. — La formule

$$(\cos x + i \sin x)^m = e^{mxi} = \cos mx + i \sin mx$$

donne

$$\sin mx = m \cos^{m-1} x \sin x - \frac{m(m-1)(m-2)}{1 \cdot 2 \cdot 3} \cos^{m-3} x \sin^3 x + \ldots$$

si m est un nombre impair, en remplaçant les puissances de $\cos^2 x$ en fonction de $\sin x$, on aura un polynôme de degré m en $\sin x$. Comme $\sin mx$ est nul pour $mx = k\pi$, ce polynôme s'annule pour $\sin x = 0$ ou $\pm \sin \frac{k\pi}{m}$, on a les $m-1$ racines autres que zéro en donnant à k les valeurs $1, 2, \ldots \frac{m-1}{2}$. Comme $\frac{\sin mx}{mx}$ tend vers 1, pour $x = 0$, on a :

$$\sin mx = m \sin x \left(1 - \frac{\sin^2 x}{\sin^2 \frac{\pi}{m}} \right)\left(1 - \frac{\sin^2 x}{\sin^2 2 \frac{\pi}{m}} \right) \cdots \left(1 - \frac{\sin^2 x}{\sin^2 \frac{m-1}{2} \frac{\pi}{m}} \right).$$

Posons $m \sin x = z$, et supposons que le nombre entier impair m augmente indéfiniment. On a :

$$\sin mx = z \left(1 - \frac{z^2}{m^2 \sin^2 \frac{\pi}{m}} \right)\left(1 - \frac{z^2}{m^2 \sin^2 \frac{2\pi}{m}} \right) \cdots \left(1 - \frac{z^2}{m^2 \sin^2 \frac{m-1}{2} \frac{\pi}{m}} \right).$$

Si z est une quantité fixe, qui peut être réelle ou imaginaire, $\sin x = \frac{z}{m}$ tend vers zéro ; on peut choisir la valeur de x de façon qu'elle tende vers zéro.

$mx = z \frac{x}{\sin x}$ a pour limite z. Décomposons le produit précédent en deux parties :

$$P = z \left(1 - \frac{z^2}{m^2 \sin^2 \frac{\pi}{m}} \right) \cdots \left(1 - \frac{z^2}{m^2 \sin^2 \frac{k\pi}{m}} \right)$$

$$Q = \left(1 - \frac{z^2}{m^2 \sin^2 \frac{k+1}{m}\pi} \right) \cdots \left(1 - \frac{z^2}{m^2 \sin^2 \frac{m-1}{2m}\pi} \right).$$

Soit

$$P' = z\left(1 - \frac{z^2}{\pi^2}\right)\left(1 - \frac{z^2}{2^2\pi^2}\right)\cdots\left(1 - \frac{z^2}{k^2\pi^2}\right)$$

$$Q' = \left(1 - \frac{z^2}{(k+1)^2\pi^2}\right)\cdots\left(1 - \frac{z^2}{\left(\dfrac{m-1}{2}\pi\right)^2}\right).$$

Si k est fixe, $m\sin\dfrac{k\pi}{m}$ a pour limite $k\pi$. Chaque facteur du produit P a pour limite le facteur correspondant de P'. Le produit P a pour limite P' lorsque m augmente indéfiniment, quel que soit le nombre entier fixe k.

D'autre part, si $0 < \theta < \dfrac{\pi}{2}$, $\dfrac{\theta}{\sin\theta}$ augmente avec θ, et varie de 1 à $\dfrac{\pi}{2}$. Si $0 < p \leqslant \dfrac{m-1}{2}$.

$$\frac{p\pi}{m} < \frac{\pi}{2}\sin\frac{p\pi}{m} \quad , \quad m\sin\frac{p\pi}{m} > 2p.$$

$$\left|\frac{z^2}{m^2\sin^2\dfrac{p\pi}{m}}\right| < \left|\frac{z^2}{4p^2}\right| = \frac{\rho}{p^2}$$

si ρ est le module de $\dfrac{z^2}{4}$.

Si on développe le produit Q, Q $-$ 1 est une somme de termes dont le module est inférieur à la somme des modules des termes. Il en résulte que

$$|Q - 1| < \left(1 + \frac{\rho}{(k+1)^2}\right)\left(1 + \frac{\rho}{(k+2)^2}\right)\cdots\left(1 + \frac{\rho}{\left(\dfrac{m-1}{2}\right)^2}\right) - 1.$$

Mais l'on a (n° **21**) :

$$L(1 + \rho) < \rho$$

$$L\left(1 + \frac{\rho}{(k+1)^2}\right) + L\left(1 + \frac{\rho}{(k+2)^2}\right) + \cdots + L\left(1 + \frac{\rho}{\left(\dfrac{m-1}{2}\right)^2}\right)$$

$$< \rho\left(\frac{1}{(k+1)^2} + \frac{1}{(k+2)^2} + \cdots\right) < \rho\left(\frac{1}{k(k+1)} + \frac{1}{(k+1)(k+2)} + \cdots\right).$$

La série illimitée (n⁰ **54**) :

$$\sum_1^\infty \frac{1}{(k+n-1)(k+n)} = \sum\left(\frac{1}{k+n-1} - \frac{1}{k+n}\right) = \frac{1}{k}$$

$$\left(1 + \frac{\rho}{(k+1)^2}\right)\left(1 + \frac{\rho}{(k+2)^2}\right) \cdots \left(1 + \frac{\rho}{\left(\frac{m-1}{2}\right)^2}\right) < e^{\frac{\rho}{k}}$$

$$|Q - 1| < e^{\frac{\rho}{k}} - 1$$

comme

$$\left|\frac{z}{\pi}\right|^2 = \frac{4\rho}{\pi^2} < \rho$$

on a également

$$|Q' - 1| < e^{\frac{\rho}{k}} - 1$$

$$|Q - Q'| < |Q - 1| + |Q' - 1| < 2(e^{\frac{\rho}{k}} - 1)$$

$$PQ - P'Q' = Q(P - P') + P'(Q - Q')$$

on peut choisir k assez grand pour que $e^{\frac{\rho}{k}} - 1 < \varepsilon$, et ensuite m assez grand pour que $|P - P'| < \varepsilon$; puisque k restant fixe $P - P'$ tend vers zéro si m augmente indéfiniment. Comme Q et P′ restent finis, et ont des modules inférieurs à des limites fixes, quels que soient k et m, on peut choisir ces deux nombres de façon que PQ — P′Q′ ait un module inférieur à une quantité donnée arbitraire. Donc, si m augmente indéfiniment, cette différence tend vers zéro, et PQ a la même limite que P′Q′ qui devient un produit illimité convergent (n° **43**).

$$\sin z = z\left(1 - \frac{z^2}{\pi^2}\right)\left(1 - \frac{z^2}{2^2\pi^2}\right) \cdots \left(1 - \frac{z^2}{n^2\pi^2}\right) \cdots$$

En posant $z = \pi x$ on a :

$$\sin \pi x = \pi x(1 - x^2)\left(1 - \frac{x^2}{2^2}\right) \cdots \left(1 - \frac{x^2}{n^2}\right) \cdots$$

Pour $x = \frac{1}{2}$

$$1 = \frac{\pi}{2} \frac{2^2 - 1}{2^2} \cdot \frac{4^2 - 1}{4^2} \cdots \frac{(2n)^2 - 1}{(2n)^2} \cdots$$

ou la formule de Wallis, qui donne π sous forme de produit infini :

$$\pi = 2 \, \frac{4}{4-1} \cdot \frac{16}{16-1} \cdots \frac{4\,n^2}{4\,n^2-1} \cdots$$

60. Application des séries doubles. — Du produit qui représente $\sin \pi x$ on déduit :

$$L \sin \pi x = L\pi + Lx + L(1 - x^2) + \ldots + L\,\frac{n^2 - x^2}{n^2} + \ldots$$

Et, en prenant les dérivées :

$$\pi \cot g \,\pi x = \frac{1}{x} - 2\,x\left(\frac{1}{1 - x^2} + \frac{1}{2^2 - x^2} + \ldots + \frac{1}{n^2 - x^2} + \ldots\right)$$

ou

$$\pi x \cot g \,\pi x = 1 - 2\,x^2 \sum_{1}^{\infty} \frac{1}{n^2 - x^2}.$$

Mais

$$\frac{1}{n^2 - x^2} = \frac{1}{n^2}\left(1 + \frac{x^2}{n^2} + \frac{x^4}{n^4} + \ldots + \frac{x^{2p}}{n^{2p}} + \ldots\right).$$

Si $x^2 < 1$, cette série est convergente pour toutes les valeurs entières de n. On peut ajouter toutes ces séries (n° **26**). et l'on a :

$$\pi x \cot g \,\pi x = 1 - 2\,x^2 \sum_{1}^{\infty} \frac{1}{n^2} - 2\,x^4 \sum_{1}^{\infty} \frac{1}{n^4} - \ldots 2\,x^{2p} \sum \frac{1}{n^{2p}} \cdots$$

Mais on peut déduire ce développement de ceux de $\sin x$ et $\cos x$ (n° **52**). Posons :

$$\frac{x}{2} \cot g \,\frac{x}{2} = \frac{x}{2}\,\frac{\cos \frac{x}{2}}{\sin \frac{x}{2}} = 1 - B_1 \frac{x^2}{2} - B_2 \frac{x^4}{2.3.4} \ldots - B_n \frac{x^{2n}}{2.3\ldots 2n} - \ldots$$

en remplaçant $\cos \frac{x}{2}$ et $\frac{2}{x}\sin \frac{x}{2}$ par leur développement en série, on a :

$$1 - \frac{x^2}{2.4} + \frac{x^4}{2.4.6.8} - \ldots =$$

$$\left(1 - \frac{x^2}{4.6} + \frac{x^4}{4.6.8.10} - \ldots\right)\left(1 - B_1 \frac{x^2}{2} - B_2 \frac{x^4}{2.3.4} - \ldots\right)$$

si on effectue le produit de ces deux séries (n° **48**), et si on égale les coefficients des puissances de x^2 dans les deux membres, on a des relations qui déterminent les coefficients B, que l'on appelle les nombres de Bernouilli. On a :

$$\frac{B_1}{2} + \frac{1}{4.6} = \frac{1}{2.4} \quad , \quad B_1 = \frac{1}{6}$$

$$-\frac{B_2}{2.3.4} + \frac{B_1}{2.4.6} + \frac{1}{4.6.8.10} = \frac{1}{2.4.6.8} \quad , \quad B_2 = \frac{1}{30}.$$

On a ensuite :

$$B_3 = \frac{5}{4} B_2 - \frac{3}{16} B_1 + \frac{3}{7.32} = \frac{1}{42}$$

$$B_4 = \frac{7}{3} B_3 - \frac{7}{8} B_2 + \frac{1}{16} B_1 - \frac{1}{9.32} = \frac{1}{30}$$

$$B_5 = \frac{15}{4} B_4 - \frac{21}{8} B_3 + \frac{15}{32} B_2 - \frac{5}{256} B_1 + \frac{5}{11.512} = \frac{5}{66}$$

$$B_n = \frac{2n(2n-1)}{2.3} \frac{B_{n-1}}{4} - \frac{2n(2n-1)(2n-2)(2n-3)}{2.3.4.5} \cdot \frac{B_{n-2}}{4^2} + \dots$$

$$+ (-1)^n \frac{2n(2n-1)\dots 3}{2.3\dots(2n-1)} \frac{B_1}{4^{n-1}} + (-1)^{n+1} \frac{n}{2^{2n-1}(2n+1)}.$$

On trouve successivement

$$B_6 = \frac{691}{2730} \quad , \quad B_7 = \frac{7}{6} \quad , \quad B_8 = \frac{3617}{510} \quad , \quad B_9 = \frac{43867}{798}.$$

On a, en remplaçant x par $2\pi x$:

$$\pi x \cot g\, \pi x = 1 - \frac{B_1}{2}(2\pi x)^2 - \frac{B_2}{2.3.4}(2\pi x)^4 - \dots - \frac{B_n}{2.3\dots 2n}(2\pi x)^{2n} \dots$$

et, en écrivant que ce développement est identique au premier, on aura :

$$\sum_1^\infty \frac{1}{n^2} = B_1 \pi^2 = \frac{\pi^2}{6} \quad , \quad \sum_1^\infty \frac{1}{n^4} = \frac{B_2}{3} \pi^4 = \frac{\pi^4}{90}$$

$$\sum_1^\infty \frac{1}{n^6} = \frac{\pi^6}{945} \quad , \quad \sum_1^\infty \frac{1}{n^8} = \frac{\pi^8}{9450}$$

$$\sum_1^\infty \frac{1}{n^{10}} = \frac{\pi^{10}}{93555} \quad , \quad \sum_1^\infty \frac{1}{n^{12}} = \frac{691\,\pi^{12}}{638512875}$$

On peut ainsi calculer successivement les sommes :

$$\sum_{1}^{\infty} \frac{1}{n^{2p}} = \frac{2^{2p-1}\,\pi^{2p}}{1\,.\,2\,\ldots\,2p}\,\mathrm{B}_{p}.$$

On en déduit :

$$\sum_{1}^{\infty} \frac{1}{n^{2p}} = \sum_{1}^{\infty} \frac{1}{(2n-1)^{2p}} + \sum_{1}^{\infty} \frac{1}{(2n)^{2p}}$$

$$\sum_{1}^{\infty} \frac{1}{(2n-1)^{2p}} = \left(1 - \frac{1}{4^{p}}\right) \sum_{1}^{\infty} \frac{1}{n^{2p}}$$

par exemple :

$$\sum_{1}^{\infty} \frac{1}{(2n-1)^{2}} = \frac{\pi^{2}}{8} \qquad , \qquad \sum_{1}^{\infty} \frac{1}{(2n-1)^{4}} = \frac{\pi^{4}}{96}$$

$$\sum_{1}^{\infty} \frac{1}{(2n-1)^{6}} = \frac{\pi^{6}}{960} \qquad , \qquad \sum_{1}^{\infty} \frac{1}{(2n-1)^{8}} = \frac{17\,\pi^{8}}{161\,280}$$

61. Application. — La série qui représente $\pi \cotg \pi x$ peut aussi s'écrire

$$\pi \cotg \pi x = \frac{1}{x} + \sum_{1}^{\infty} \left(\frac{1}{x-n} + \frac{1}{x+n} \right).$$

La dérivée d'ordre p du second membre est

$$(-1)^{p}\,1\,.\,2\,\ldots\,p \left[\frac{1}{x^{p+1}} + \sum_{1}^{\infty} \left(\frac{1}{(x-n)^{p+1}} + \frac{1}{(x+n)^{p+1}} \right) \right].$$

Si $x = \frac{1}{4}$, cette expression devient :

$$(-1)^{p}\,.\,1\,.\,2\,\ldots\,p\,.\,4^{p+1}\left[1 + \frac{1}{(-3)^{p+1}} + \frac{1}{5^{p+1}} + \ldots \right.$$

$$\left. + \frac{1}{(1-4n)^{p+1}} + \frac{1}{(4n+1)^{p+1}} + \ldots \right].$$

D'autre part, on peut calculer successivement les dérivées de $\cotg \pi x$.

Les dérivées de $y = \cotg x$ sont :

$$y' = -\frac{1}{\sin^2 x} \quad , \qquad y'' = 2\,\frac{\cotg x}{\sin^2 x}$$

$$y''' = -2\left(\frac{1}{\sin^4 x} + 2\,\frac{\cos^2 x}{\sin^4 x}\right) = 2\left(\frac{2}{\sin^2 x} - \frac{3}{\sin^4 x}\right)$$

$$y^{\mathrm{IV}} = 8\cotg x\left(-\frac{1}{\sin^2 x} + \frac{3}{\sin^4 x}\right)$$

$$y^{\mathrm{v}} = 8\left(-\frac{2}{\sin^2 x} + \frac{15}{\sin^4 x} - \frac{15}{\sin^6 x}\right)$$

$$y^{\mathrm{VI}} = 16\cotg x\left(\frac{2}{\sin^2 x} - \frac{30}{\sin^4 x} + \frac{45}{\sin^6 x}\right).$$

Pour $x = \dfrac{\pi}{4}$ on aurait

$$y = 1 \quad , \quad y' = -2 \quad , \quad y'' = 4 \quad , \quad y''' = -16$$

$$y^{\mathrm{IV}} = 80 \quad , \quad y^{\mathrm{v}} = -512 \quad , \quad y^{\mathrm{VI}} = 64 \times 61.$$

Les dérivées de $\pi\cotg \pi x$ ont les mêmes valeurs multipliées par les puissances successives de π. Les dérivées d'ordre pair donnent :

$$\frac{\pi^3}{3\,2} = 1 - \frac{1}{3^3} + \frac{1}{5^3} - \ldots + \frac{(-1)^{n-1}}{(2\,n-1)^3} + \ldots$$

$$\frac{5\,\pi^5}{3\,.\,2^9} = 1 - \frac{1}{3^5} + \frac{1}{5^5} - \ldots + \frac{(-1)^{n-1}}{(2\,n-1)^5} + \ldots$$

$$\frac{61\,\pi^7}{45\,.\,2^{12}} = 1 - \frac{1}{3^7} + \frac{1}{5^7} - \ldots + \frac{(-1)^{n-1}}{(2\,n-1)^7} + \ldots$$

Les dérivées d'ordre impair donnent les expressions déjà obtenues pour $\dfrac{\pi^2}{8}$, $\dfrac{\pi^4}{96}$, ... On en déduit :

$$\sum_{1}^{\infty}\frac{(-1)^{n-1}}{n^{2p}} = \sum_{1}^{\infty}\frac{1}{(2\,n-1)^{2p}} - \sum_{1}^{\infty}\frac{1}{(2\,n)^{2p}} = \left(1 - \frac{1}{2^{2p-1}}\right)\sum_{1}^{\infty}\frac{1}{n^{2p}}$$

$$\sum_{1}^{\infty}\frac{(-1)^{n-1}}{n^2} = \frac{\pi^2}{12} \quad , \quad \sum_{1}^{\infty}\frac{(-1)^{n-1}}{n^4} = \frac{7\,\pi^4}{720}.$$

62. Calcul numérique. — Il n'est pas toujours possible d'exprimer la somme d'une série convergente par une expression simple. Même, au point de vue des calculs numériques, ces transformations ne sont pas toujours utiles ; il peut être plus simple de calculer la valeur de la série avec une approximation donnée, que celle de l'expression qui la remplace. En général, c'est l'inverse que l'on a à faire ; pour calculer la valeur numérique d'une fonction, ou d'une expression algébrique, on cherche une série qui la représente, et on calcule directement la valeur numérique de la série, limitée à un nombre n de termes, de façon que le reste R_n soit plus petit que l'approximation demandée. Il faut pour cela avoir une limite supérieure du reste. que l'on évalue en comparant à une série plus simple, dont le reste soit facile à calculer, mais soit supérieur à R_n. On peut ainsi savoir combien de termes il faut prendre pour obtenir l'approximation demandée, on calcule les valeurs des n premiers termes avec un ou deux chiffres décimaux de plus que l'approximation cherchée ; si on force le dernier chiffre lorsque le suivant dépasse 5, en calculant n termes, on aura pour S_n une erreur inférieure à $\frac{n}{2}$, en valeur absolue, sur le dernier chiffre décimal ; en ajoutant la limite supérieure trouvée pour R_n, on saura quels sont les chiffres décimaux qu'on doit conserver. En général il suffira de supprimer les deux derniers, et un seul si n est assez petit.

63. Reste des séries à termes positifs. — Chaque règle de convergence donne une limite supérieure du reste d'une série à termes positifs. Si on a (n° **8**) $u_n < v_n$ à partir d'un rang déterminé, on en déduit :

$$R_n = u_{n+1} + u_{n+2} + \ldots < v_{n+1} + v_{n+2} + \ldots$$

Les séries de comparaison sont en général assez simples pour qu'on puisse calculer le reste, ou au moins une limite supérieure.

Si on a $\dfrac{u_{n+1}}{u_n} < \dfrac{v_{n+1}}{v_n}$ (n° **9**), on en déduit :

$$\frac{u_{n+p}}{u_n} < \frac{v_{n+p}}{v_n}$$

$$R_n = u_{n+1} + u_{n+2} + \ldots < \frac{u_n}{v_n}\left(v_{n+1} + v_{n+2} + \ldots\right)$$

Si on peut appliquer la règle de Dalembert (n° **10**), on aura :

$$\frac{u_{n+1}}{u_n} < k < 1$$

$$R_n < u_n(k + k^2 + \ldots) = \frac{k}{1 - k}\, u_n$$

si $1 - k$ n'est pas trop petit, R_n est du même ordre de grandeur que le dernier terme calculé u_n. Si $k < \frac{1}{2}$, $R_n < u_n$. On calcule successivement u_1, u_2, ... jusqu'à ce que u_n ne donne plus de chiffres décimaux utiles. Si n reste petit, on prendra un chiffre de plus que l'approximation demandée. Si n dépasse dix, il vaut mieux prendre deux chiffres décimaux de plus.

Lorsqu'on peut appliquer la règle de convergence de Cauchy (n° **11**) on a $\sqrt[n]{u_n} < k < 1$

$$R_n = u_{n+1} + u_{n+2} + \ldots < k^{n+1}(1 + k + k^2 + \ldots) = \frac{k^{n+1}}{1 - k}$$

64. Calcul de e. — Le nombre e est donné par la série (n° 52)

$$e = 1 + \frac{1}{1} + \frac{1}{1 \cdot 2} + \ldots + \frac{1}{1 \cdot 2 \ldots n} + \ldots$$

$$= 2 + \frac{2}{3} + \frac{1}{2 \cdot 3 \cdot 4} + \ldots + \frac{1}{2 \cdot 3 \ldots n} + R_n$$

le rapport d'un terme au précédent $\frac{1}{n+1}$ diminue quand n augmente. On a donc

$$R_n < \frac{1}{2 \cdot 3 \ldots (n+1)}\left(1 + \frac{1}{n+1} + \frac{1}{(n+1)^2} + \ldots\right) = \frac{1}{2 \cdot 3 \ldots n \cdot n}$$

$$2 + \frac{2}{3} + \frac{1}{24} + \frac{1}{120} = 2 + \frac{43}{60} = 2,71666\ldots \quad , \quad \frac{1}{720} = 0,001388\ldots$$

en divisant ce terme par 7 on a le suivant, et ainsi de suite. Si $n = 12$ on trouve :

$$
\begin{array}{r}
2,7166666667 \\
13888889 \\
1984127 \\
248016 \\
27557 \\
2756 \\
251 \\
21 \\
\hline
2,7182818284
\end{array}
$$

la somme de ces 8 nombres pourrait donner une erreur ± 4 sur le dernier chiffre, le reste R_{12} est inférieur à $\frac{21}{12} < 2$. On a la valeur, par excès :

$$e = 2{,}71828183.$$

Si $0 < x < 1$ la série

$$e^x = 1 + \frac{x}{1} + \frac{x^2}{1 \cdot 2} + \frac{x^3}{1 \cdot 2 \cdot 3} + \cdots + \frac{x^n}{1 \cdot 2 \cdot 3 \ldots n} + \cdots$$

permet de calculer les puissances fractionnaires de e, par exemple :

$$\sqrt{e} = 1 + \frac{1}{2} + \frac{1}{2 \cdot 4} + \frac{1}{2 \cdot 4 \cdot 6} + \cdots + \frac{1}{2 \cdot 4 \cdot 6 \ldots 2n} + \cdots$$

si

$$n = 7 \quad , \quad \frac{1}{2 \cdot 4 \cdot 6 \cdot 8 \cdot 10 \cdot 12 \cdot 14} = 0{,}000001$$

le reste n'est qu'une fraction de ce terme, on peut ainsi calculer $\sqrt{e}$ avec 5 décimales, en s'arrêtant au terme $n = 6$. Si $x > 1$ la convergence est plus lente, mais le rapport d'un terme au précédent $\frac{x}{n}$ devient inférieur à 1 si $n > x$, on a alors

$$R_n < \frac{x^{n+1}}{2 \cdot 3 \ldots (n+1)} \cdot \frac{1}{1 - \dfrac{x}{n+1}} = \frac{x^n}{2 \cdot 3 \ldots n} \times \frac{x}{n+1-x}$$

R_n est inférieur au dernier terme calculé si $n > 2x - 1$. Par exemple on a

$$e^2 = 1 + \frac{2}{1} + \frac{2^2}{2} + \frac{2^3}{2 \cdot 3} + \cdots + \frac{2^n}{2 \cdot 3 \ldots n} + \cdots$$

$$= 7 + \frac{2^5}{2 \cdot 3 \cdot 4 \cdot 5} + \frac{2^6}{2 \cdot 3 \cdot 4 \cdot 5 \cdot 6} + \cdots$$

on peut encore calculer e^2 avec 4 décimales, en prenant $n = 11$, car

$$R_{11} < \frac{2^{11}}{2 \cdot 3 \ldots 11} \times \frac{2}{10} = 0.000010.$$

65. Calcul des logarithmes. — Pour calculer une table des logarithmes népériens des nombres entiers successifs, on se sert des formules (n° **53**) :

$$L(1 + x) = x - \frac{x^2}{2} + \frac{x^3}{3} \cdots + (-1)^{n-1} \frac{x^n}{n} + \cdots$$

$$L(1 - x) = -x - \frac{x^2}{2} - \frac{x^3}{3} \cdots$$

$$L\frac{1 + x}{1 - x} = 2\left(x + \frac{x^3}{3} + \frac{x^5}{5} + \cdots + \frac{x^{2n-1}}{2n - 1} + \cdots\right)$$

où $0 < x < 1$. Soient a et b deux nombres entiers positifs, posons

$$x = \frac{b}{2a + b} \quad , \quad \frac{1 + x}{1 - x} = \frac{a + b}{a}$$

$$L(a + b) = La + 2\left[\frac{b}{2a + b} + \frac{1}{3}\left(\frac{b}{2a + b}\right)^3 + \frac{1}{5}\left(\frac{b}{2a + b}\right)^5 + \cdots\right].$$

Si $a = b = 1$,

$$L2 = 2\left(\frac{1}{3} + \frac{1}{3 \cdot 3^3} + \frac{1}{5 \cdot 3^5} + \cdots\right)$$

le rapport d'un terme au précédent est plus petit que $\frac{1}{9}$,

$\dfrac{\frac{1}{9}}{1 - \frac{1}{9}} = \frac{1}{8}$, le reste est inférieur à $\frac{1}{8}$ du dernier terme calculé

(n° **63**), si on veut calculer $L2$ avec 6 chiffres décimaux, on calculera d'abord les valeurs numériques $\frac{2}{3}, \frac{2}{3^3}, \frac{2}{3^5}, \cdots$ en divisant successivement la précédente par 9, puis :

$$\frac{2}{3} = 0,6666667$$

$$\frac{2}{3 \cdot 3^3} = 0,0246914$$

$$\frac{2}{5 \cdot 3^5} = 0,0016461$$

$$\frac{2}{7 \cdot 3^7} = 0,0001306$$

$$\frac{2}{9 \cdot 3^9} = 0,0000113$$

$$\frac{2}{11 \cdot 3^{11}} = 0,0000010$$

$$\frac{2}{13 \cdot 3^{13}} = 0,0000001$$

$$\overline{\phantom{\frac{2}{13}} 0,6931472}$$

$$L2 = 0,6931472.$$

Si $a = 125$, $b = 3$, on a :

$$L\,128 - L\,125 = 7\,L\,2 - 3\,L\,5 = 2\left[\frac{3}{253} + \dots\right]$$

$$L\,5 = \frac{7}{3}\,L\,2 - \frac{2}{3}\left[\frac{3}{253} + \frac{1}{3}\left(\frac{3}{253}\right)^3 + \dots\right]$$

les deux premiers termes suffisent pour calculer neuf chiffres décimaux, un seul suffirait si l'on veut cinq décimales, le second

$$\frac{6}{253^3} = 0.00000037.$$

Si $a = 80$, $b = 1$, on a :

$$L\,\frac{81}{80} = 4\,L\,3 - L\,5 - 4\,L\,2 = 2\left[\frac{1}{161} + \dots\right.$$

$$L\,3 = L\,2 + \frac{L\,5}{4} + \frac{1}{2}\left[\frac{1}{161} + \frac{1}{3}\left(\frac{1}{161}\right)^3 + \dots\right]$$

Il suffit également de calculer deux termes.
De même

$$L\,\frac{49}{48} = 2\,L\,7 - L\,3 - 4\,L\,2 = 2\left[\frac{1}{97} + \frac{1}{3}\left(\frac{1}{97}\right)^3\right]$$

donnerait $L\,7$ avec 9 décimales exactes, si on a déjà calculé $L\,2$ et $L\,3$.

Il suffit de calculer les logarithmes des nombres premiers, les autres s'en déduisent par des additions et des multiplications très simples, les exposants des facteurs premiers étant toujours assez petits puisque 2^{20} est supérieur à 1 million. Soit $a + 1$ un nombre premier, on aura :

$$L\,(a + 1) = L\,a + 2\left[\frac{1}{2\,a + 1} + \frac{1}{3}\left(\frac{1}{2\,a + 1}\right)^3 + \frac{1}{5}\left(\frac{1}{2\,a + 1}\right)^5 + \dots\right]$$

ainsi

$$L\,11 = L\,10 + 2\left(\frac{1}{21} + \frac{1}{3\,.\,21^3} + \dots\right)$$

$$\frac{2}{5\,.\,21^3} = \frac{2}{20420505} = 0,000000098.$$

Les deux premiers termes suffisent pour avoir 6 décimales.
$L\,2$ et $L\,5$ ayant déjà été calculés on en déduit $L\,10$ et $L\,11$.
On calcule ainsi successivement les logarithmes des nombres premiers, et ceux des nombres entiers successifs.

66. Logarithmes vulgaires. — Pour calculer les logarithmes vulgaires de base 10, on doit multiplier les logarithmes népériens par un facteur constant :

$$\frac{\log x}{\mathrm{L}\, x} = \frac{\log 10}{\mathrm{L}\, 10} = \frac{1}{\mathrm{L}\, 10}.$$

On a

$$\mathrm{L}\, 10 = \frac{10}{3}\,\mathrm{L}\, 2 - \frac{1}{3}\,\mathrm{L}\,\frac{128}{125} = \frac{20}{3}\left(\frac{1}{3} + \frac{1}{3.3^3} + \frac{1}{5.3^5} + \ldots\right)$$
$$- \frac{2}{3}\left(\frac{3}{253} + \frac{1}{3}\left(\frac{3}{253}\right)^3 + \ldots\right)$$

on calculera $\mathrm{L}\, 10$ et, par une division,

$$\mathrm{M} = \frac{1}{\mathrm{L}\, 10} = 0{,}43429448.$$

Pour obtenir M avec 8 décimales exactes, il suffit de calculer chaque terme des deux séries avec 10 décimales, et de prendre 9 termes de la première et 2 de la seconde.

Au lieu de calculer d'abord les logarithmes népériens, il est plus simple de ramener les logarithmes vulgaires à des logarithmes de puissances de 10.

On a : $2^{10} = 1024$

$$10 \log 2 - 3 = \log 1024 - \log 1000 = \log\frac{128}{125} = \mathrm{M}\,\mathrm{L}\,\frac{128}{125}$$

$$\log 2 = 0{,}3 + \frac{2\,\mathrm{M}}{10}\left[\frac{3}{253} + \frac{1}{3}\left(\frac{3}{253}\right)^3 + \ldots\right]$$

$$\log\frac{81}{80} = 4 \log 3 - 3 \log 2 - 1$$

$$\log 3 = \frac{3}{4}\log 2 + \frac{1}{4} + \frac{\mathrm{M}}{2}\left(\frac{1}{161} + \frac{1}{3.161^3} + \ldots\right)$$

$$\log 5 = 1 - \log 2$$

$$2 \log 7 = \log 50 - \log\frac{50}{49} =$$
$$2 - \log 2 - 2\,\mathrm{M}\left(\frac{1}{99} + \frac{1}{3.99^3} + \ldots\right)$$

$$2 \log 11 = \log 120 + \log\frac{121}{120} =$$
$$1 + \log 3 + 2 \log 2 + 2\,\mathrm{M}\left(\frac{1}{241} + \frac{1}{3.241^3} + \ldots\right)$$

$$2 \log 52 = \log 2704 = \log\frac{2704}{2700} + 3 \log 3 + 2$$

$$2 \log 13 = 2 - 3 \log 3 - 4 \log 2 + 2\,\mathrm{M}\left(\frac{1}{1351} + \frac{1}{3.1351^3} + \ldots\right)$$

On peut ensuite calculer les logarithmes des nombres premiers par la formule

$$\log (a + 1) = \log a + 2 \,\mathrm{M}\left(\frac{1}{2a + 1} + \frac{1}{3(2a + 1)^3} + \cdots\right)$$

$$\log 17 = 4 \log 2 + 2 \,\mathrm{M}\left(\frac{1}{33} + \frac{1}{3.33^3} + \cdots\right)$$

$\dfrac{2\,\mathrm{M}}{5.33^3} = 0,0000000044$, les deux premiers termes suffisent pour calculer 7 chiffres décimaux.

$$\log 41 = 3 \log 2 + \log 5 + 2 \,\mathrm{M}\left(\frac{1}{81} + \frac{1}{3.81^3} + \cdots\right)$$

$\dfrac{2\,\mathrm{M}}{3.81^3} = 0,00000054$; à partir de 41, un seul terme suffit pour calculer les logarithmes avec 5 chiffres décimaux.

67. Série $\sum \dfrac{1}{n^{1+a}}$. — Si la règle de Dalembert ne s'applique pas, $\dfrac{u_{n+1}}{u_n}$ tendra en général vers 1. Alors R_n peut être notablement supérieur à u_n. Il faut calculer une expression approchée de R_n pour savoir le nombre de termes que l'on doit prendre. Mais si l'on peut déterminer deux expressions approchées qui comprennent R_n, on peut souvent abréger les calculs en évaluant R_n avec une erreur qui sera inférieure à un ordre de grandeur connu.

Soit

$$\mathrm{S} = 1 + \frac{1}{2^{1+a}} + \cdots \quad + \frac{1}{n^{1+a}} + \cdots$$

où $a > 0$. La fonction

$$y = (1 + x)^{-a} + ax$$

a pour dérivée

$$y' = a\left[1 - (1 + x)^{-a-1}\right]$$

si $-1 < x < 0$, $y' < 0$. Si $x > 0$, y' est positif.

y est minimum pour $x = 0$. Donc, si $x > -1$,

$$(1 + x)^{-a} > 1 - ax$$

$$\left(1 - \frac{1}{n}\right)^{-a} > 1 + \frac{a}{n} \quad , \quad \left(1 + \frac{1}{n}\right)^{-a} > 1 - \frac{a}{n}$$

$$1 - \left(\frac{n}{n-1}\right)^{a} < \frac{a}{n} < \left(\frac{n}{n-1}\right)^{a} - 1$$

$$\frac{1}{n^a} - \frac{1}{(n-1)^a} < \frac{a}{n^{1+a}} < \frac{1}{(n-1)^a} - \frac{1}{n^a}.$$

En ajoutant les inégalités analogues, on a :

$$\frac{1}{a(n+1)^a} < \frac{1}{(n+1)^{1+a}} + \frac{1}{(n+2)^{1-a}} + \ldots < \frac{1}{an^a}$$

$$\frac{1}{a(n+1)^a} < R_n < \frac{1}{an^a} < \frac{1}{a(n-1)^a} + \frac{1}{n^{1+a}}.$$

On a ainsi une évaluation de R_n avec une approximation $\frac{1}{n^{1+a}}$ égale au dernier terme calculé.

Par exemple, cherchons à calculer la valeur de π^2, avec deux chiffres décimaux, par la série (n° **60**) :

$$\pi^2 = 6 \sum_1^\infty \frac{1}{n^2}$$

si $n = 600$. $\frac{6}{600^2} = 0,0000166\ldots$, $R_{600} < \frac{6}{600} = 0,01.$ $R_{1200} < 0,005$. Les 600 termes, compris entre $n = 600$ et $n = 1200$, ont une somme de l'ordre de $0,005$. Cependant, pour être sûr du second chiffre décimal, il faudrait au moins deux mille termes. Les calculs seraient très longs, car il faut ajouter un très grand nombre de termes très petits, dont la somme ne peut pas se négliger. Mais l'expression :

$$\pi^2 = 6 \left(1 + \frac{1}{2^2} + \ldots + \frac{1}{n^2} + \frac{1}{n+1} \right)$$

donne π^2 avec une erreur inférieure à $\frac{6}{n^2}$.

Si $n = 40$. $\frac{6}{40^2} = 0.00375$; en calculant les 40 premiers termes avec 5 décimales, et en ajoutant le terme complémentaire $\frac{6}{41}$, on a la même approximation que si on avait calculé 1600 termes sans tenir compte du reste.

Si une série est telle que $u_n < \frac{1}{n^2}$, on a $R_n < \frac{1}{n}$. Si on ne connaît pas d'expression inférieure à R_n, et si on est obligé de calculer les n premiers termes directement, la série donne des calculs tellement longs qu'ils sont presque impossibles.

Si on peut appliquer la règle de Raabe (n° **15**), on aura :

$$\frac{u_{n+1}}{u_n} < 1 - \frac{1+a}{n} < \left(\frac{n-1}{n}\right)^{1+a}$$

$$\frac{u_{n+p}}{u_n} < \left(\frac{n-1}{n+p-1}\right)^{1+a}$$

$$R_n < u_n (n-1)^{1+a} \left[\frac{1}{n^{1+a}} + \frac{1}{(n+1)^{1+a}} + \cdots\right] < \frac{u_n}{a}(n-1),$$

si a n'est pas très grand, et si on veut une approximation un peu grande, cette expression est en général beaucoup plus grande que u_n ; et il faudrait calculer beaucoup de termes très petits donnant une somme que l'on ne peut pas négliger. Ces séries sont donc très peu pratiques pour le calcul direct, sauf si la loi de variation des termes est assez simple pour qu'on puisse avoir une valeur approchée de R_n.

68. Évaluation du reste. — Considérons la série,

$$\sum_{1}^{\infty} \frac{1}{(n+h)^{1+a}}$$

pourvu que $n+h > 1$, on a (n° **67**) :

$$1 - \left(\frac{n+h}{n+h+1}\right)^a < \frac{a}{n+h} < \left(\frac{n+h}{n+h-1}\right)^a - 1$$

$$\frac{1}{(n+h)^a} - \frac{1}{(n+h+1)^a} < \frac{a}{(n+h)^{1+a}} < \frac{1}{(n+h-1)^a} - \frac{1}{(n+h)^a}$$

$$R_n = \frac{1}{(n+h+1)^{1+a}} + \frac{1}{(n+h+2)^{1+a}} + \cdots$$

$$\frac{1}{a(n+h+1)^a} < R_n < \frac{1}{a(n+h)^a} < \frac{1}{a(n+h+1)^a} + \frac{1}{(n+h)^{1+a}}.$$

Si on remplace R_n par $\dfrac{1}{a(n+h+1)^a}$, l'erreur est inférieure au terme $u_n = \dfrac{1}{(n+h)^{1+a}}$.

Si, à partir d'un rang déterminé, on a (n° **15**) :

$$\frac{u_{n+1}}{u_n} < 1 - \frac{1+a}{n+h} < \left(\frac{n+h-1}{n+h}\right)^{1-a}$$

on en déduit :

$$\frac{u_{n+p}}{u_n} < \left(\frac{n+h-1}{n+h+p-1}\right)^{1+a}$$

$$R_n = u_{n+1} + u_{n+2} + \ldots <$$

$$< u_n(n+h-1)^{1+a}\left[\frac{1}{(n+h)^{1+a}} + \frac{1}{(n+h+1)^{1+a}} + \ldots\right] <$$

$$< \frac{n+h-1}{a}\, u_n.$$

Inversement, si on a :

$$\frac{u_{n+1}}{u_n} > 1 - \frac{1+a}{n+k}$$

pourvu que $n + k > 1 + a$, on aura :

$$\left(1 - \frac{1}{n+k-a}\right)^{-a} > 1 + \frac{a}{n+k-a} = \frac{n+k}{n+k-a}$$

$$\left(\frac{n+k-a-1}{n+k-a}\right)^{a} < \frac{n+k-a}{n+k}$$

$$\frac{u_{n+1}}{u_n} > \frac{n+k-a-1}{n+k} > \frac{n+k-a-1}{n+k-a}\left(\frac{n+k-a-1}{n+k-a}\right)^{a} =$$

$$= \left(\frac{n+k-a-1}{n+k-a}\right)^{1+a}$$

on en déduit :

$$\frac{u_{n+p}}{u_n} < \left(\frac{n+k-a-1}{n+k-a+p-1}\right)^{1+a}$$

$$R_n > u_n(n+k-a-1)^{1+a}\left[\frac{1}{(n+k-a)^{1+a}} + \frac{1}{(n+k-a+1)^{1+a}} + \ldots\right] >$$

$$u_n(n+k-a-1)^{1+a}\left[-\frac{1}{(n+k-a-1)^{1+a}} + \frac{1}{a(n+k-a-1)^{a}}\right] =$$

$$= \frac{n+k-2a-1}{a}\, u_n.$$

Si on a, en même temps :

$$1 - \frac{1+a}{n+k} < \frac{u_{n+1}}{u_n} < 1 - \frac{1+a}{n+h}$$

on en déduit :

$$\frac{n + k - 2a - 1}{a}\, u_n < R_n < \frac{n + h - 1}{a}\, u_n,$$

$$\left| R_n - \left(n + \frac{h + k}{2} - a - 1 \right) \frac{u_n}{a} \right| < \frac{h - k + 2a}{2a}\, u_n$$

ce qui permet d'évaluer R_n avec une erreur moindre que $\left(\frac{h - k}{2a} + 1 \right) u_n$, qui sera du même ordre de grandeur que u_n.

69. Exemple. — Si $\frac{u_{n+1}}{u_n}$ est une fraction rationnelle

$$\frac{u_{n+1}}{u_n} = \frac{n^p + a_1 n^{p-1} + a_2 n^{p-2} + \ldots}{n^p + b_1 n^{p-1} + b_2 n^{p-2} + \ldots}$$

soit $a = b_1 - a_1 - 1 > 0$ (n° **17**). On a :

$$\frac{u_{n+1}}{u_n} - \frac{n + h - a - 1}{n + h} = \frac{n^{p-1}\left[a_2 - b_2 - (a + 1)(h - b_1) \right] + \ldots}{n^{p+1} + \ldots}$$

à partir d'une valeur déterminée de n, cette fraction a le signe de $\frac{a_2 - b_2}{a + 1} + b_1 - h$.

Si on choisit deux nombres h et k :

$$h > b_1 + \frac{a_2 - b_2}{a + 1} > k$$

à partir d'un rang déterminé, on aura :

$$1 - \frac{1 + a}{n + k} < \frac{u_{n+1}}{u_n} < 1 - \frac{1 + a}{n + h}$$

et par suite :

$$\frac{n + k - 2a - 1}{a}\, u_n < R_n < \frac{n + h - 1}{a}\, u_n.$$

Par exemple, la formule du binôme donne :

$$8\sqrt[3]{2} = (1 + 1)^{\frac{10}{3}} = 1 + \frac{10}{3} + \frac{10 \cdot 7}{3 \cdot 6} + \frac{10 \cdot 7 \cdot 4}{3 \cdot 6 \cdot 9} + \frac{10 \cdot 7 \cdot 4 \cdot 1}{3 \cdot 6 \cdot 9 \cdot 12}$$

$$- \frac{10 \cdot 7 \cdot 4 \cdot 1 \cdot 2}{3 \cdot 6 \cdot 9 \cdot 12 \cdot 15} + \frac{10 \cdot 7 \cdot 4 \cdot 2}{3 \cdot 6 \cdot 9 \cdot 12 \cdot 15} \left(\frac{5}{18} - \frac{5 \cdot 8}{18 \cdot 21} + \ldots \right)$$

$$= \frac{13}{3} \left(1 - \frac{10 \cdot 7}{6 \cdot 9} + \frac{10 \cdot 7 \cdot 4}{6 \cdot 9 \cdot 12 \cdot 15} \right)$$

$$+ \frac{10 \cdot 7 \cdot 4 \cdot 2}{3 \cdot 6 \cdot 9 \cdot 12 \cdot 15}\, 13 \left(\frac{5}{18 \cdot 21} + \frac{5 \cdot 8 \cdot 11}{18 \cdot 21 \cdot 24 \cdot 27} + \ldots \right)$$

$$\sqrt[3]{2} = \frac{13}{24} \left(2 + \frac{79}{243} \right) + \frac{91}{2916} \sum_{1}^{\infty} \frac{5 \cdot 8 \cdot 11 \ldots (6n - 1)}{18 \cdot 21 \cdot 24 \ldots (6n + 15)}.$$

Pour cette série, on a :

$$\frac{u_{n+1}}{u_n} = \frac{(6\,n + 2)\,(6\,n + 5)}{(6\,n + 18)\,(6\,n + 21)} = \frac{n^2 + \dfrac{7}{6}\,n + \dfrac{5}{18}}{n^2 + \dfrac{13}{2}\,n + \dfrac{21}{2}}$$

$$a = \frac{13}{2} - \frac{7}{6} - 1 = \frac{13}{3} \quad , \quad b_1 + \frac{a_2 - b_2}{a + 1} = \frac{13}{2} - \frac{23}{12} = \frac{55}{12}$$

$$1 - \frac{16}{3\,(n + 4)} < \frac{u_{n+1}}{u_n} < 1 - \frac{16}{3\,(n + 5)}$$

pourvu que $n > \dfrac{11}{5}$, c'est-à-dire $n \geqslant 3$

$$\frac{3\,n - 17}{13}\,u_n < R_n < \frac{3\,n + 12}{13}\,u_n.$$

Les premiers termes décroissent assez vite. Si $n = 4$,

$$u_4 = \frac{91}{2916} \cdot \frac{5 \cdot 8 \cdot 11 \ldots 23}{18 \cdot 21 \cdot 24 \ldots 39} = 0,000004$$

$$0 < R_4 < \frac{24}{13}\,u_4 < 2\,u_4$$

on peut ainsi calculer $\sqrt[3]{2}$ avec 4 chiffres décimaux, en prenant trois termes de la série.

Les termes finissent par décroître lentement, et si on voulait une grande approximation il serait utile de tenir compte de l'évaluation du reste.

70. Séries de Bertrand. — Pour montrer combien certaines séries seraient peu utiles pour les calculs numériques directs considérons la série convergente (n° **22**) :

$$\sum_{0}^{\infty} \frac{1}{(n + e_p)\,L\,(n + e_p)\,L_2\,(n + e_p)\ldots L_{p-1}\,(n + e_p)\,\left(L_p\,(n + e_p)\right)^2}$$

Si n est un nombre quelconque supérieur à e_p, on a (n° **28**) :

$$\frac{1}{L_p n} - \frac{1}{L_p\,(n + 1)} < \frac{1}{nLn \ldots L_{p-1}n\,(L_p n)^2} < \frac{1}{L_p\,(n - 1)} - \frac{1}{L_p n}.$$

Soit $R_n = \dfrac{1}{(n + e_p)\ldots (L_p n + e_p)^2} + \ldots$

$$\frac{1}{L_p\,(n + e_p)} < R_n < \frac{1}{L_p\,(n + e_p - 1)} < \frac{1}{L_p\,(n + e_p)} +$$

$$+ \frac{1}{(n + e_p - 1)\,L\,(n + e_p - 1)\ldots (L_p n + e_p - 1)^2}.$$

Si $p = 1$ on a la série

$$\frac{1}{e} + \frac{1}{(e+1)\left(L(e+1)\right)^2} + \ldots + \frac{1}{(e+n)\left(L(e+n)\right)^2} + \ldots$$

$$\frac{1}{L(n+e)} < R_n < \frac{1}{L(n+e-1)}.$$

Pour que R_n soit inférieur à $\frac{1}{100}$ il faudrait

$$L(n+e-1) > 100, \quad n+e-1 > e^{100} = 2688 \times 10^{40}$$

il serait absolument impossible de calculer ce nombre de termes.
Mais on a

$$S = \frac{1}{e} + \frac{1}{(e+1)\left(L(e+1)\right)^2} + \ldots +$$

$$+ \frac{1}{(e+n-1)\left(L(e+n-1)\right)^2} + \frac{1}{L(n+e)}$$

avec une erreur moindre que le dernier terme calculé.

Si $n = 13 \quad , \quad n + e - 1 = 14{,}718$

à l'aide des tables de logarithmes on trouve

$$L\,14{,}718 = \frac{\log 14{,}718}{\log e} = 2{,}689$$

$$(12 + e)\left(L(12+e)\right)^2 > 106$$

avec 13 termes on arrive ainsi à la même approximation.

Pour la série $\displaystyle\sum_{n=1}^{\infty} \frac{1}{(n+e_3)\,L(n+e_3)\,L_2(n+e_3)\,L_3\left((n+e_3)\right)^2}$

on a

$$\frac{1}{L_3(n+e_3)} < R_n < \frac{1}{L_3(n+e_3-1)} < \frac{1}{L_3(n+e_3)} +$$

$$+ \frac{1}{(n+e_3-1)\,L(n+e_3-1)\,L_2(L_3 n+e_3-1)^2}.$$

En particulier, si $n = 0$, $R_0 = S$:

$$1 < R_0 < 1 + \frac{1}{(e_3-1)(e_2-1)(e-1)} = 1{,}0000000109$$

la valeur de la série S est comprise entre 1 et

$$1 + \frac{1}{(e_3 - 1)(e_2 - 1)(e - 1)}$$

elle est égale à 1, à 1 cent millionième près. Pour calculer directement la moitié de sa valeur, il faudrait

$$R_n < \frac{1}{2} \quad , \quad L_3(n + e_3 - 1) > 2$$
$$n + e_3 - 1 > e^{e^{e^2}}$$

on trouve successivement

$$e^2 = 7{,}389 \quad , \quad e^{e^2} = 1618 \quad , \quad e^{e^{e^2}} = 5 \times 10^{702}.$$

Pour avoir la moitié de la valeur de la série il faudrait calculer un nombre de termes de l'ordre de 10^{702}.

Il est inutile d'essayer un tel calcul. Tous les habitants de la terre évalués à deux milliards, en calculant un terme chacun par seconde sans interruption pendant un milliard de milliard d'années n'arriveraient pas à 10^{35} termes, fraction infime du nombre de termes nécessaire.

On voit que les séries de Bertrand peuvent être utiles dans les questions théoriques, en montrant la nature de la convergence de certaines séries, mais seraient inutilisables pour un calcul numérique direct. Une série telle que $u_n < \frac{1}{n(Ln)^2}$ est convergente, mais le calcul direct de la somme des termes est pratiquement impossible.

71. Séries à signes variés. — Si une série est absolument convergente, la série des valeurs absolues a un reste plus grand, qui permet souvent d'avoir une limite supérieure du reste. Si

$$\left| \frac{u_{n+1}}{u_n} \right| < k < 1 \quad , \quad |R_n| < \frac{k}{1-k} |u_n|$$

si $k < \frac{1}{2}$, $\quad |R_n| < |u_n|$.

Dans ce cas $R_n = u_{n+1} + R_{n+1}$ est compris entre 0 et $2u_{n+1}$, le reste est inférieur au dernier terme calculé et a le signe du premier terme négligé. Comme pour les séries à termes positifs il suffit de calculer les valeurs numériques des termes avec un nombre de chiffres décimaux déterminés, jusqu'à ce que l'on ne trouve plus de chiffres utiles.

Les séries simplement convergentes sont rarement utiles pour les calculs numériques, parce que les termes décroissent trop lentement. Considérons seulement le cas où les termes sont à signes alternés, décroissant en valeur absolue (n° **42**). Soit :

$$S = u_1 - u_2 + u_3 - u_4 + \ldots + u_{2n-1} - u_{2n} + \ldots$$

Le reste est inférieur au premier terme négligé, et de même signe ; la valeur S est toujours comprise entre S_n et S_{n-1}. On peut du reste la ramener à la série à termes positifs, dont le terme général sera

$$v_n = u_{2n-1} - u_{2n}$$

R_n est alors compris entre $u_{2n+1} - u_{2n+2}$ et u_{2n+1}. Mais, si u_n décroît lentement, cette évaluation est insuffisante pour un calcul numérique pratique.

Par exemple, si on voulait calculer L2 par la série (n° **53**)

$$L2 = 1 - \frac{1}{2} + \frac{1}{3} \ldots + \frac{1}{2n-1} - \frac{1}{2n} + \ldots$$

comme $\left| R_n \right| < \left| \frac{1}{n} \right|$; pour que $\left| R_n \right| < 0,001$, il faudrait prendre 1 000 termes, ou 500 termes de la série

$$L2 = \frac{1}{2} + \frac{1}{3 \cdot 4} + \ldots + \frac{1}{(2n-1)\,2n} + \ldots$$

Mais on peut calculer une valeur approchée du reste en remarquant que (n° **54**) :

$$\frac{1}{(2n-1)(2n+2)} < \frac{1}{\left(2n + \frac{1}{2}\right)\left(2n + \frac{5}{2}\right)} =$$

$$= \frac{1}{2}\left(\frac{1}{2n + \frac{1}{2}} - \frac{1}{2n + \frac{5}{2}}\right)$$

car en effectuant les produits des dénominateurs

$$4n^2 + 6n + 2 > 4n^2 + 6n + \frac{5}{4}$$

$$R_n = \frac{1}{(2n+1)(2n+2)} + \frac{1}{(2n+3)(2n+4)} + \cdots < \frac{1}{4n+1}.$$

Et :

$$\frac{1}{\left(2n+\frac{1}{2}\right)\left(2n+\frac{5}{2}\right)} - \frac{1}{(2n+1)(2n+2)} =$$

$$= \frac{3}{4\left(2n+\frac{1}{2}\right)(2n+1)\left(2n+\frac{5}{2}\right)(2n+2)} < \frac{3}{4(2n-2)2n(2n+2)(2n+4)} =$$

$$= \frac{1}{8}\left(\frac{1}{(2n-2)2n(2n+2)} - \frac{1}{2n(2n+2)(2n+4)}\right)$$

$$\frac{1}{(2n+1)(2n+2)} > \frac{1}{2}\left(\frac{1}{2n+\frac{1}{2}} - \frac{1}{2n+\frac{5}{2}}\right) -$$

$$- \frac{1}{8}\left(\frac{1}{(2n-2)2n(2n+2)} - \frac{1}{2n(2n+2)(2n+4)}\right)$$

$$R_n > \frac{1}{4n+1} - \frac{1}{64n(n^2-1)}.$$

On a donc :

$$L_2 = \frac{1}{2} + \frac{1}{3.4} + \cdots + \frac{1}{(2n-1)2n} + \frac{1}{4n+1}$$

avec une erreur inférieure à $\frac{1}{64n(n^2-1)}$; si $n = 10$, l'erreur est inférieure à $\frac{1}{63360}$, il faudrait calculer plus de 63000 termes de la première série pour avoir la même approximation.

Les séries

$$1 - \frac{1}{\sqrt{2}} + \frac{1}{\sqrt{3}} \cdots + \frac{(-1)^{n+1}}{\sqrt{n}} + \cdots$$

$$1 - \frac{1}{L(e+1)} + \frac{1}{L(e+2)} \cdots + \frac{(-1)^{n+1}}{L(e+n)} + \cdots$$

seront encore moins utiles, pour un calcul numérique direct, pour que R_n soit inférieur à 0,01, il faudrait 10000 termes de la première, et $e^{100} = 2688 \times 10^{40}$ de la seconde.

72. Calcul des racines. — Si $-1 < x < 1$ la formule du binôme :

$$(1 + x)^n = 1 + \frac{n}{1} x + \frac{n(n-1)}{1 \cdot 2} x^2 + \cdots$$

donne :

$$(1 + x)^{\frac{1}{2}} = 1 + \frac{1}{2} x - \frac{1}{2 \cdot 4} x^2 + \frac{1 \cdot 3}{2 \cdot 4 \cdot 6} x^3 - \cdots$$

$$+ (-1)^{n-1} \frac{1 \cdot 3 \ldots (2n-3)}{2 \cdot 4 \ldots 2n} x^n + \cdots$$

$$(1 + x)^{-\frac{1}{2}} = 1 - \frac{1}{2} x + \frac{1 \cdot 3}{2 \cdot 4} x^2 - \frac{1 \cdot 3 \cdot 5}{2 \cdot 4 \cdot 6} x^3 + \cdots$$

$$+ (-1)^n \frac{1 \cdot 3 \ldots (2n-1)}{2 \cdot 4 \ldots 2n} x^n + \cdots$$

On peut en déduire les racines carrées des nombres entiers. Par exemple

$$\sqrt{2} = \sqrt{\frac{49}{25} \cdot \frac{50}{49}} = \frac{7}{5} \sqrt{\frac{50}{49}}$$

on peut ainsi se servir des deux séries :

$$\sqrt{2} = \frac{7}{5} \left(1 + \frac{1}{49}\right)^{\frac{1}{2}} = \frac{7}{5} \left(1 + \frac{1}{2 \cdot 49} - \frac{1}{8 \cdot 49^2} + \frac{3}{8 \cdot 6 \cdot 49^3} - \cdots\right)$$

$$\sqrt{2} = \frac{7}{5} \left(1 - \frac{1}{50}\right)^{-\frac{1}{2}} = \frac{7}{5} \left(1 + \frac{1}{2 \cdot 50} + \frac{3}{2 \cdot 4 \cdot 50^2} + \frac{3 \cdot 5}{2 \cdot 4 \cdot 6 \cdot 50^3} + \cdots\right)$$

quoique la seconde ait des coefficients un peu plus grands, elle est plus commode à cause du dénominateur 50 qui rendra les calculs plus rapides. On calculera les termes par des multiplications successives. Le premier donne 1,4, le second est $\frac{1}{100}$ du premier, le troisième $\frac{3}{200}$ du second, le quatrième est $\frac{1}{60}$ du troisième terme. Ce qui donne

$$\sqrt{2} = 1,4142135$$

avec 7 chiffres décimaux exacts, le terme suivant étant les $\frac{7}{400}$ du quatrième donne 6 unités du huitième ordre.

Cette méthode revient à partir d'une valeur rationnelle approchée $\frac{7}{5}$ de la racine $\sqrt{2}$, que l'on peut obtenir en multipliant par 2 les carrés des nombres entiers, et en cherchant les produits qui diffèrent le moins possible d'un carré. On trouve par exemple :

$$2 \times 49 = 98 = 100 - 2$$

et

$$2 \times 144 = 17^2 - 1$$

$$\sqrt{2} = \frac{10}{7} \sqrt{\frac{49}{50}} = \frac{10}{7} \left(1 - \frac{1}{50} \right)^{\frac{1}{2}} =$$

$$= \frac{10}{7} \left(1 - \frac{1}{2 \cdot 50} - \frac{1}{2 \cdot 4 \cdot 50^2} - \frac{3}{2 \cdot 4 \cdot 6 \cdot 50^3} - \cdots \right)$$

et

$$\sqrt{2} = \frac{17}{12} \left(1 + \frac{1}{288} \right)^{-\frac{1}{2}} = \frac{17}{12} \left(1 - \frac{1}{2 \cdot 288} + \frac{3}{2 \cdot 4 \cdot 288^2} - \cdots \right).$$

De même les relations :

$$3 \times 16 = 49 - 1 \quad , \quad 3 \times 121 = 19^2 + 2$$

donnent

$$\sqrt{3} = \frac{7}{4} \left(1 + \frac{1}{48} \right)^{-\frac{1}{2}} = \frac{7}{4} \left(1 - \frac{1}{2 \cdot 48} + \frac{3}{2 \cdot 4 \cdot 48^2} - \cdots \right)$$

$$\sqrt{3} = \frac{19}{11} \left(1 + \frac{2}{361} \right)^{\frac{1}{2}} = \frac{19}{11} \left(1 + \frac{1}{361} - \frac{1}{2 \cdot 361^2} + \frac{1 \cdot 3}{2 \cdot 3 \cdot 361^3} - \cdots \right).$$

Des relations

$$5 \times 4^2 = 9^2 - 1 \quad , \quad 5 \times 9^2 = 20^2 + 5$$

on déduit

$$\sqrt{5} = \frac{9}{4} \sqrt{\frac{80}{81}} = \frac{20}{9} \sqrt{\frac{81}{80}}$$

qui donnent des séries permettant de calculer $\sqrt{5}$.

De même :

$$\sqrt{11} = \frac{10}{3} \sqrt{\frac{99}{100}} = \frac{10}{3} \left(1 - \frac{1}{100} \right)^{\frac{1}{2}} =$$

$$= \frac{10}{3} \left(1 - \frac{1}{2 \cdot 100} - \frac{1}{2 \cdot 4 \cdot 100^2} - \frac{3}{2 \cdot 4 \cdot 6 \cdot 100^3} - \cdots \right)$$

Pour calculer une racine cubique on employera l'une des formules :

$$(1 + x)^{\frac{1}{3}} = 1 + \frac{1}{3} x - \frac{2}{3.6} x^2 + \frac{2.5}{3.6.9} x^3 - \frac{2.5.8}{3.6.9.12} x^4 + \dots$$

$$(1 + x)^{-\frac{1}{3}} = 1 - \frac{1}{3} x + \frac{1.4}{3.6} x^2 - \frac{1.4.7}{3.6.9} x^3 + \dots$$

Par exemple, $2 \times 4^3 = 128 = 5^3 + 3$ donne :

$$\sqrt[3]{2} = \frac{5}{4} \left(1 + \frac{3}{125} \right)^{\frac{1}{3}} = \frac{5}{4} \left(1 + \frac{1}{5^3} - \frac{1}{5^6} + \frac{1}{3.5^9} - \frac{2}{3.5^{11}} + \dots \right)$$

La relation $3 \times 7^3 = 1029 = 10^3 + 29$, donne :

$$\sqrt[3]{3} = \frac{10}{7} \left(1 + \frac{29}{1000} \right)^{\frac{1}{3}} = \frac{10}{7} \left(1 + \frac{29}{3000} - \frac{2}{3.6} \left(\frac{29}{1000} \right)^2 + \dots \right)$$

On a encore :

$$\sqrt[3]{3} = \frac{13}{9} \sqrt[3]{\frac{2187}{2197}} = \frac{13}{9} \left(1 - \frac{1}{3} \frac{10}{2197} - \frac{2}{3.6} \left(\frac{10}{2197} \right)^2 - \dots \right)$$

trois termes suffisent pour avoir 7 chiffres décimaux exacts.

73. Calcul de π. — La dérivée de arc tg x étant

$$\frac{1}{1 + x^2} = 1 - x^2 + x^4 \dots$$

on a :

$$\text{arc tg } x = x - \frac{x^3}{3} + \frac{x^5}{5} \dots + (-1)^{n+1} \frac{x^{2n-1}}{2n - 1} + \dots$$

où $-1 \leqslant x \leqslant 1$, l'arc restant compris entre $-\frac{\pi}{4}$ et $+\frac{\pi}{4}$. En particulier, si $x = 1$, $\frac{\pi}{4} = \text{arc tg } 1 = 1 - \frac{1}{3} + \frac{1}{5} - \dots$

Mais le calcul direct de π par cette formule serait très long, car les termes décroissent trop lentement.

Posons :

$$x = \text{arc tg } \frac{1}{5} \quad , \quad \text{tg } x = \frac{1}{5}$$

on a :

$$\operatorname{tg} 2x = \frac{2}{5\left(1 - \dfrac{1}{25}\right)} = \frac{5}{12}$$

$$\operatorname{tg} 4x = \frac{5}{6\left(1 - \dfrac{25}{12^2}\right)} = \frac{120}{119}$$

$$\operatorname{tg}\left(4x - \frac{\pi}{4}\right) = \frac{\operatorname{tg} 4x - 1}{1 + \operatorname{tg} 4x} = \frac{1}{239}$$

$$\frac{\pi}{4} = 4x - \operatorname{arc\,tg} \frac{1}{239}$$

$$\pi = 16\left(\frac{1}{5} - \frac{1}{3 \cdot 5^3} + \frac{1}{5 \cdot 5^5} - \frac{1}{7 \cdot 5^7} + \cdots\right) - 4\left(\frac{1}{239} - \frac{1}{3 \cdot 239^3} + \cdots\right)$$

si on prend 8 termes de la première série et 2 de la seconde, les restes sont inférieurs à $\dfrac{16}{17 \cdot 5^{17}} = \dfrac{1,23}{10^{12}}$ et $\dfrac{4}{5 \cdot 239^5} = \dfrac{1,02}{10^{12}}$, ce qui permet de calculer π avec dix chiffres décimaux.

CHAPITRE V

—

TRANSFORMATION DES SÉRIES

74. Méthode des différences. — Soit une série dont les termes sont à signes alternés, décroissants, et tendent vers zéro (n° **42**)

$$S = u_1 - u_2 + u_3 - u_4 + \ldots \quad + (-1)^{n-1} u_n + \ldots$$

on a :

$$S_n = \frac{u_1}{2} - \frac{u_2 - u_1}{2} + \frac{u_3 - u_2}{2} - \frac{u_4 - u_3}{2} + \ldots$$

$$+ (-1)^{n-} \frac{u_n - u_{n-1}}{2} + (-1)^{n-1} \frac{u_n}{2}.$$

Posons : $\Delta u_n = u_{n+1} - u_n$.

De sorte que $\Delta u_1 = u_2 - u_1 \quad . \quad \Delta a_2 = u_3 - u_2. \ldots$

comme u_n tend vers zéro, S_n a pour limite la somme de la série

$$S = \frac{u_1}{2} - \frac{\Delta u_1}{2} + \frac{\Delta u_2}{2} - \frac{\Delta u_3}{2} + \ldots \quad + (-1)^n \frac{\Delta u_n}{2} + \ldots$$

qui est convergente et a la même somme que la première.

En conservant le premier terme $\frac{u_1}{2}$, on peut appliquer à cette série la même méthode.

On posera :

$$\Delta_2 u_n = \Delta u_{n+1} - \Delta u_n = u_{n+2} - u_{n+1} - (u_{n+1} - u_n) = u_{n+2} - 2 u_{n+1} + u_n$$

la série $- \dfrac{\Delta u_1}{2} + \dfrac{\Delta u_2}{2} - \dfrac{\Delta u_3}{2} + \ldots$ sera remplacée par la série convergente

$$- \frac{\Delta u_1}{4} + \frac{\Delta_2 u_1}{4} - \frac{\Delta_2 u_2}{4} + \frac{\Delta_2 u_3}{4} - \ldots$$

et la série S deviendra :

$$S = \frac{u_1}{2} - \frac{\Delta u_1}{4} + \frac{1}{4}\Big(\Delta_2 u_1 - \Delta_2 u_2 + \Delta_2 u_3 \ldots\Big)$$

En continuant ainsi on est conduit à former les différences successives de la suite u_n.

$$\Delta_3 u_n = \Delta_2 u_{n+1} - \Delta_2 u_n = u_{n+3} - 2u_{n+2} + u_{n+1} - (u_{n+2} - 2u_{n+1} + u_n)$$
$$= u_{n+3} - 3 u_{n+2} + 3 u_{n+1} - u_n.$$

En général de la formule

$$\Delta_p u_n = u_{n+p} - \frac{p}{1} u_{n+p-1} + \frac{p(p-1)}{1.2} u_{n+p-2} - \ldots + (-1)^p u_n$$

$$\Delta_p u_{n+1} = u_{n+p+1} - \frac{p}{1} u_{n+p} + \frac{p(p-1)}{1.2} u_{n+p-1} \ldots + (-1)^p u_{n+1}$$

on déduit :

$$\Delta_{p+1} u_n = \Delta_p u_{n+1} - \Delta_p u_n = u_{n+p+1} - \frac{p+1}{1} u_{n+p} + \frac{(p+1)p}{1.2} u_{n+p-1} \ldots - + (-1)^{p+1} u_n,$$

qui est vraie quelque soit le nombre entier p. Les coefficients sont ceux de la formule du binôme.

La série considérée peut ainsi être remplacée par la série

$$S = \frac{u_1}{2} - \frac{\Delta u_1}{2^2} + \frac{\Delta_2 u_1}{2^3} - \ldots + (-1)^{p-1} \frac{\Delta_{p-1} u_1}{2^p} + \frac{(-1)^p}{2^p}(\Delta_p u_1 - \Delta_p u_2 + \Delta_p u_3 \ldots)$$

qui est convergente, pourvu que la série Σu_n soit convergente. p est un nombre entier déterminé, qui peut être arbitraire.

Si $u_1 > u_2 > u_3 \ldots > u_n \ldots > 0$ les différences premières sont toutes négatives, et donnent encore une série à signes alternés. Il arrive souvent que les différences successives d'un ordre p sont de même signe et forment des séries alternées dont la convergence est plus rapide que la première.

On peut également calculer directement les premiers termes de la série, et effectuer ces transformations à partir d'un rang déterminé. On a :

$$u_n - u_{n+1} + u_{n+2} \ldots =$$
$$\frac{u_n}{2} - \frac{\Delta u_n}{2} + \frac{\Delta u_{n+1}}{2} - \frac{\Delta u_{n+2}}{2} + \ldots$$
$$= \frac{u_n}{2} - \frac{\Delta u_n}{4} + \frac{1}{4}(\Delta_2 u_n - \Delta_2 u_{n+1} + \ldots)$$
$$= \frac{u_n}{2} - \frac{\Delta u_n}{2^2} + \frac{\Delta_2 u_n}{2^3} \ldots + \frac{(-1)^{p-1}}{2^p} \Delta_{p-1} u_n + \frac{(-1)^p}{2^p}(\Delta_p u_n - \Delta_p u_{n+1} + \ldots)$$

et

$$S = u_1 - u_2 + \ldots + (-1)^n u_{n-1} + \frac{(-1)^{n+1}}{2} (u_n - \Delta u_n + \Delta u_{n+1} \ldots)$$

$$= u_1 - u_2 + \ldots + (-1)^n u_{n-1} + (-1)^{n+1} \left(\frac{u_n}{2} - \frac{\Delta u_n}{2^2} + \ldots \right.$$

$$\left. + \frac{(-1)^{p-1}}{2^p} \Delta_{p-1} u_n \right) - \frac{(-1)^{n+p+1}}{2^p} (\Delta_p u_n - \Delta_p u_{n+1} + \ldots)$$

Si les différences $\Delta_p u_n$, $\Delta_p u_{n+1}$ ..., sont de même signe et vont en décroissant, on aura

$$S = u_1 - u_2 + \ldots + (-1)^n u_{n-1} + (-1)^{n+1} \left(\frac{u_n}{2} - \frac{\Delta u_n}{2^2} + \ldots \right.$$

$$\left. + \frac{(-1)^{p-1}}{2^p} \Delta_{p-1} u_n \right)$$

avec une erreur inférieure à $\dfrac{1}{2^p} \Delta_p u_n$.

75. Exemple. — Considérons la série

$$S = 1 - \frac{1}{2} + \frac{1}{3} - \frac{1}{4} \ldots + \frac{(-1)^{n+1}}{n} + \ldots$$

qui pourrait servir à calculer L2. On a :

$$\Delta u_n = \frac{1}{n+1} - \frac{1}{n} = \frac{-1}{n(n+1)}$$

$$\Delta_2 u_n = \frac{-1}{(n+1)(n+2)} + \frac{1}{n(n+1)} = \frac{2}{n(n+1)(n+2)}$$

$$\Delta_3 u_n = \frac{2}{(n+1)(n+2)(n+3)} - \frac{2}{n(n+1)(n+2)} = \frac{-2 \cdot 3}{n(n+1)(n+2)(n+3)}$$

$$\Delta_p u_n = (-1)^p \frac{1 \cdot 2 \ldots p}{n(n+1) \ldots (n+p)} .$$

Les différences $\Delta_p u_n$ ont le même signe quel que soit n, et diminuent si n augmente, p restant fixe.

En particulier on a :

$$\Delta u_1 = \frac{-1}{2} \quad , \quad \Delta_2 u_1 = \frac{1}{3} \quad , \quad \Delta_p u_1 = \frac{(-1)^p}{p+1}$$

la première série peut ainsi être remplacée par

$$S = \frac{1}{2} + \frac{1}{2 \cdot 2^2} + \frac{1}{3 \cdot 2^3} + \ldots + \frac{1}{p \cdot 2^p} + \frac{1}{2^p} \left(\frac{1}{p+1} - \frac{1}{(p+1)(p+2)} \right.$$

$$\left. + \frac{1 \cdot 2}{(p+1)(p+2)(p+3)} \ldots \right)$$

Si on supprime la dernière série, l'erreur est inférieure à $\dfrac{1}{(p+1)2^{p}}$.
Ce qui revient à prendre les n premiers termes de la série :

$$S = \frac{1}{2} + \frac{1}{2 \cdot 2^{2}} + \ldots + \frac{1}{n \cdot 2^{n}} + \ldots$$

Si on calcule 15 termes l'erreur est inférieure à $\dfrac{1}{16 \cdot 2^{15}} = 0{,}0000019$.

Si on conserve les 9 premiers termes de la série donnée, on aura :

$$S = 1 - \frac{1}{2} + \ldots + \frac{1}{9} - \frac{1}{2 \cdot 10} - \frac{1}{2^{2} \cdot 10 \cdot 11} - \frac{1 \cdot 2}{2^{3} \cdot 10 \cdot 11 \cdot 12} - \ldots$$
$$- \frac{1 \cdot 2 \cdot \cdot (p-1)}{2^{p} \cdot 10 \cdot 11 \cdot \cdot (9+p)} - \frac{1 \cdot 2 \cdot p}{2^{p}} \left(\frac{1}{10 \cdot 11 \cdot \cdot (10+p)} - \frac{1}{11 \cdot 12 \cdot \cdot (11+p)} + \cdot \cdot \right)$$

ou encore :

$$S = \frac{1}{2} + \frac{1}{56} + \frac{41}{180} - \frac{1}{20} - \frac{1}{20 \cdot 22} - \frac{1 \cdot 2}{20 \cdot 22 \cdot 24} - \ldots + \frac{1 \cdot 2 \ldots (p-1)}{20 \cdot 22 \ldots (18+2p)}$$

avec une erreur inférieure à $\dfrac{1 \cdot 2 \ldots p}{2^{p} \cdot 10 \cdot 11 \ldots (10+p)}$. Si $p = 5$

$$\frac{2 \cdot 3 \cdot 4 \cdot 5}{2^{5} \cdot 10 \cdot 11 \cdot 12 , 13 \cdot 14 \cdot 15} = 0{,}000001.$$

76. Transformation d'Euler. — Soit la fonction

$$f(x) = u_{1}x + u_{2}x^{2} + \ldots + u_{n}x^{n} + \ldots$$

posons $x = \dfrac{y}{1+y}$, $y = \dfrac{x}{1-x}$

$$x^{n} = y^{n}(1+y)^{-n} = y^{n} \left(1 - ny + \frac{n(n+1)}{1 \cdot 2} y^{2} - \frac{n(n+1)(n+2)}{1 \cdot 2 \cdot 3} y^{3} + \ldots \right)$$

Si x a une valeur négative telle que la série $f(x)$ soit absolument convergente, y sera négatif, compris entre 0 et -1 ; si on remplace x^{n} par le développement de $y^{n}(1+y)^{-n}$ dont tous les termes auront le même signe, on a une série double (n° **26**) absolument convergente, et l'on peut ordonner les termes par rapport aux puissances de y.

$$yu_{1} + y^{2}(u_{2} - u_{1}) + \ldots + y^{n}(u_{n} - \frac{n-1}{1} u_{n-1}$$
$$+ \frac{(n-1)(n-2)}{1 \cdot 2} u_{n-2} - \ldots + (-1)^{n-1}u_{1}) + \ldots$$

ou, en posant (n° **74**)

$$u_2 - u_1 = \Delta u_1 \quad , \quad u_{n+1} - \frac{n}{1} u_n + \frac{n(n-1)}{1 \cdot 2} u_{n-1} \ldots + (-1)^n u_1 = \Delta_n u_1$$

$$f(x) = u_1 \frac{x}{1-x} + \Delta u_1 \left(\frac{x}{1-x}\right)^2 + \Delta_2 u_1 \left(\frac{x}{1-x}\right)^3 + \ldots + \Delta_n u_1 \left(\frac{x}{1-x}\right)^{n+1} + \ldots$$

Cette série représente la fonction $f(x)$ pour toute valeur de x telle qu'elle soit convergente. Il peut arriver, pour certaines valeurs des x que l'une des séries soit convergente, l'autre divergente. Mais lorsqu'elles sont toutes les deux convergentes, elles ont la même valeur $f(x)$.

Soit $x = -1$, $y = -\frac{1}{2}$ on aura la série

$$-f(-1) = u_1 - u_2 + u_3 - u_4 \ldots$$

qui sera transformée en

$$\frac{u_1}{2} - \frac{\Delta u_1}{2^2} + \frac{\Delta_2 u_1}{2^3} \ldots + (-1)^n \frac{\Delta_n u_1}{2^{n+1}} + \ldots$$

Si ces deux séries sont convergentes, elles ont la même valeur.

On peut également, comme au n° **74**, n'appliquer cette transformation qu'après un rang déterminé et remplacer la série

$$u_p - u_{p+1} + u_{p+2} \ldots$$

par $\dfrac{u_p}{2} - \dfrac{\Delta u_p}{2^2} + \dfrac{\Delta_2 u_p}{2^3} - \ldots + (-1)^n \dfrac{\Delta_n u_p}{2^{n+1}} + \ldots$

77. Exemples. — La série (n° **58**)

$$L\,2 = 1 - \frac{1}{2} + \frac{1}{3} - \frac{1}{4} \ldots$$

devient, par la transformation d'Euler,

$$\frac{1}{2} + \frac{1}{2 \cdot 2^2} + \ldots + \frac{1}{n \cdot 2^n} + \ldots$$

Considérons encore la série

$$\frac{\pi}{4} = 1 - \frac{1}{3} + \frac{1}{5} - \ldots + \frac{(-1)^{n+1}}{2n-1} + \ldots$$

On a :

$$u_n = \frac{1}{2n-1} \quad , \quad \Delta u_n = \frac{1}{2n+1} - \frac{1}{2n-1} = \frac{-2}{(2n-1)(2n+1)}$$

$$\Delta_2 u_n = \frac{-2}{(2n+1)(2n+3)} + \frac{2}{(2n-1)(2n+1)} = \frac{2.4}{(2n-1)(2n+1)(2n+3)}$$

$$\Delta_3 u_n = \frac{-2.4.6}{(2n-1)(2n+1)(2n+3)(2n+5)}$$

$$\Delta_p u_n = (-1)^p \frac{2.4 \ldots 2p}{(2n-1)(2n+1) \ldots (2n+2p-1)}$$

et :

$$\Delta u_1 = \frac{-2}{1.3} \quad , \quad \Delta_2 u_1 = \frac{2.4}{1.3.5} ,$$

$$\Delta_p u_1 = (-1)^p \frac{2.4 \ldots 2p}{1.3 \ldots (2p+1)}.$$

On en déduit (n° **74**)

$$\frac{\pi}{4} = \frac{1}{2} - \sum \frac{(-1)^n}{4n^2 - 1}.$$

La transformation d'Euler donne :

$$\pi = 2\left(1 + \frac{1}{3} + \frac{1.2}{3.5} + \ldots + \frac{1.2 \ldots n}{3.5 \ldots (2n+1)} + \ldots\right)$$

comme le rapport de deux termes consécutifs est $\frac{n}{2n+1} < \frac{1}{2}$, le reste sera plus petit que le dernier terme calculé (n° **63**), qui est de l'ordre de $\frac{1}{2^n}$.

Par exemple : $2 \frac{1.2 \ldots 20}{3.5 \ldots 41} = 0,00000037 = \frac{0,39}{2^{20}}$ on pourrait ainsi calculer π, s'il n'y avait pas de meilleure méthode (n° **73**), en calculant 21 termes on pourrait obtenir 6 chiffres décimaux.

Si on conserve les premiers termes de la série, on a des séries qui convergent plus rapidement, par exemple

$$\pi = 4\left(1 - \frac{1}{3} + \frac{1}{5} - \frac{1}{7} + \frac{1}{9} - \frac{1}{11} + \frac{1}{13}\right)$$

$$- 2\left(\frac{1}{15} + \frac{1}{15.17} + \frac{1.2}{15.17.19} + \ldots + \frac{1.2 \ldots n}{15.17 \ldots (15+2n)} + \ldots\right)$$

le rapport de deux termes consécutifs $\dfrac{n}{15 + 2n}$ tend encore vers $\dfrac{1}{2}$,
mais pour les premiers termes il est beaucoup plus petit, pour
avoir la même approximation on peut prendre $n = 7$

$$2 \,\frac{1 \cdot 2 \cdots 7}{15 \cdot 17 \cdots 29} = 0,0000002$$

on a 8 termes, plus les 7 termes conservés, ou 15 au lieu de 21.
Le calcul serait ainsi un peu plus rapide, surtout si l'on voulait
une grande approximation.

78. Méthode de Stirling. — On a (n° **54**) :

$$\frac{1}{(p+a)(p+a+1)} + \frac{1}{(p+a+1)(p+a+2)} + \cdots$$

$$= \sum_p^\infty \frac{1}{(n+a)(n+a+1)} = \sum_p^\infty \left(\frac{1}{n+a} - \frac{1}{n+a+1} \right) = \frac{1}{p+a}$$

$$\sum_p^\infty \frac{1}{(n+a)(n+a+1)(n+a+2)} = \frac{1}{2} \sum_p^\infty \left(\frac{1}{(n+a)(n+a+1)} \right.$$

$$\left. - \frac{1}{(n+a+1)(n+a+2)} \right) = \frac{1}{2(p+a)(p+a+1)}$$

$$\sum_p^\infty \frac{1}{(n+a)(n+a+1)(n+a+2)(n+a+3)} = \frac{1}{3(p+a)(p+a+1)(p+a+2)}$$

$$\sum_p^\infty \frac{1}{(n+a)(n+a+1)\ldots(n+a+h)} = \frac{1}{h(p+a)(p+a+1)\ldots(p+a+h-1)}.$$

La méthode de Stirling consiste à ramener certaines séries à des
combinaisons des précédentes. On a :

$$\frac{1}{(n+a)(n+a+b)} = \frac{1}{(n+a)(n+a+1)} + \frac{1-b}{(n+a)(n+a+1)(n+a+b)}$$

$$\frac{1}{(n+a)(n+a+1)(n+a+b)} = \frac{1}{(n+a)(n+a+1)(n+a+2)}$$

$$+ \frac{2-b}{(n+a)(n+a+1)(n+a+2)(n+a+b)}$$

$$\frac{1}{(n+a)(n+a+1)\ldots(n+a+h-1)(n+a+b)} = \frac{1}{(n+a)\ldots(n+a+h)}$$

$$+ \frac{h-b}{(n+a)\ldots(n+a+h)(n+a+b)}$$

on en déduit :

$$\frac{1}{(n+a)(n+a+b)} = \frac{1}{(n+a)(n+a+1)} + \frac{(1-b)}{(n+a)(n+a+1)(n+a+2)}$$
$$+ \frac{(1-b)(2-b)}{(n+a)(n+a+1)(n+a+2)(n+a+3)} + \ldots + \frac{(1-b)(2-b)\ldots(h-1-b)}{(n+a)(n+a+1)\ldots(n+a+h)}$$
$$+ \frac{(1-b)(2-b)\ldots(h-b)}{(n+a)(n+a+1)\ldots(n+a+h)(n+a+b)}.$$

Le dernier terme peut s'écrire :

$$\frac{1}{(n+a)(n+a+b)}\left(1 - \frac{n+a+b}{n+a+1}\right)\left(1 - \frac{n+a+b}{n+a+2}\right)\ldots\left(1 - \frac{n+a+b}{n+a+h}\right).$$

Si $n + a + b > 0$, ce terme tend vers zéro, lorsque h augmente indéfiniment (n° **43**), car la série $\sum \dfrac{1}{n+a+h}$ est divergente. On a ainsi :

$$\frac{1}{(n+a)(n+a+b)} = \frac{1}{(n+a)(n+a+1)} + \frac{1-b}{(n+a)(n+a+1)(n+a+2)} + \ldots$$
$$+ \frac{(1-b)(2-b)\ldots(h-1-b)}{(n+a)(n+a+1)\ldots(n+a+h)} + \ldots$$

Cette série est absolument convergente si $n + a + b > 0$, car le rapport du terme de rang $h + 1$ au précédent est

$$\frac{u_{h+1}}{u_h} = \frac{h-b}{h+n+a+1} \qquad (\text{n° } \mathbf{17}).$$

Considérons la série

$$\sum \frac{1}{(n+a)(n+a+b)} = \frac{1}{(1+a)(1+a+b)} + \frac{1}{(2+a)(2+a+b)} + \ldots$$

à partir de $n = p$ remplaçons chaque terme $\dfrac{1}{(n+a)(n+a+b)}$ par la série précédente, et ajoutons les termes de ces séries (n° **26**). On obtient une suite de séries dont on connaît les sommes, ce qui donne :

$$\sum_{p}^{\infty} \frac{1}{(n+a)(n+a+b)} = \frac{1}{p+a} + \frac{1-b}{2(p+a)(p+a+1)}$$
$$+ \frac{(1-b)(2-b)}{3(p+a)(p+a+1)(p+a+2)} + \ldots$$
$$+ \frac{(1-b)(2-b)\ldots(n-b)}{(n-1)(p+a)(p+a+1)\ldots(p+a+n)} + \ldots$$

Le rapport d'un terme au précédent est

$$\frac{n}{n+1}\,\frac{n-b}{n+p+a}=\frac{n^2-bn}{n^2+n(p+a+1)+p+a}$$

la série est convergente si $p+a+b>0$ (n° **17**). On a avantage, pour avoir une convergence plus rapide, à prendre pour a le plus petit des nombres a, $a+b$; alors b est positif.

Le rapport d'un terme au précédent tend vers 1, comme pour la série donnée. Mais, si p est un peu grand, ce rapport est petit pour les premiers termes, et l'on peut avoir une approximation suffisante avec un nombre de termes assez limité.

Si b est un nombre entier positif, la série est limitée, les termes sont nuls à partir de $n=b$. On obtient la valeur exacte de la série donnée, en supposant $p=1$. Mais la réduction directe (n° **55**) est alors plus simple.

79. Evaluation du reste. — Dans la série

$$\sum_{1}^{\infty}\frac{(1-b)(2-b)\dots(n-b)}{(n+1)(p+a)(p+a+1)\dots(p+a+n)}\,,$$

où $b>0$, $p+a>0$.

On a :

$$\frac{u_{n+1}}{u_n}=\frac{n+1}{n+2}\cdot\frac{n+1-b}{n+1+p+a}=\frac{(n+1)^2-b(n+1)}{(n+1)^2+(p+a+1)(n+1)+p+a}\,.$$

Il en résulte (n° **68**) :

$$1-\frac{p+a+b+1}{n+p+a+1}<\frac{u_{n+1}}{u_n}<1-\frac{p+a+b+1}{n+p+a+2}$$

pourvu que $n>b-1$.

et

$$\frac{n-p-a-2b}{p+a+b}\,u_n<\mathrm{R}_n<\frac{n+p+a+1}{p+a+b}\,u_n.$$

D'autre part on a :

$$\sum_{1}^{\infty}\frac{1}{(n+a)(n+a+b)}=\sum_{1}^{p-1}\frac{1}{(n+a)(n+a+b)}+\frac{1}{p+a}$$

$$+\sum_{1}^{\infty}\frac{(1-b)\dots(n-b)}{(n+1)(p+a)\dots(p+a+n)}\,.$$

Si on calcule en tout $p + n$ termes, c'est-à-dire $p - 1$ termes de la première série, le terme $\dfrac{1}{p + a}$, et n termes de la dernière série, on a :

$$R_n < \frac{(1 - b)(2 - b) \ldots (n - b)}{(n + 1)(p + a)(p + a + 1) \ldots (p + a + n)} \cdot \frac{n + p + a + 1}{p + a + b}$$

Si, sans changer $n + p$, on remplace p par $p + 1$, et n par $n - 1$, cette expression sera multipliée par

$$\frac{n + 1}{n} \cdot \frac{p + a}{n - b} \cdot \frac{p + a + b}{p + a + b + 1}.$$

Ce produit augmente avec p, si $n + p$ est constant, car alors chaque fraction augmente. Si $n = p + a + b$, le produit est égal à 1. Pour que R_n soit le plus petit possible, le nombre total de termes calculés, $p + n$, restant fixe, il faudra que n soit le plus grand nombre entier inférieur à $p + a + b$. Alors :

$$R_n < \left(1 + \frac{p + a + 1}{p + a + b}\right)u_n.$$

On devra choisir p de façon à prendre n à peu près égal à $p + a + b$. Alors R_n sera du même ordre de grandeur que u_n, en général inférieur à $2\,u_n$.

On peut encore remarquer que l'expression

$$\frac{u_{n+1}}{u_n} = \frac{n + 1}{n + 2} \cdot \frac{n + 1 - b}{n + 1 + p + a}$$

augmente avec n, elle sera égale à $\dfrac{1}{2}$ lorsque

$$(n + 1)^2 - (n + 1)(p + a + 1 + 2b) - (p + a) = 0$$

$$n + 1 = \frac{p + a + 1 + 2b + \sqrt{(p + a + 1 + 2b)^2 + 4(p + a)}}{2}$$

$$= p + a + 1 + 2b + \frac{2(p + a)}{p + a + 1 + 2b + \sqrt{(p + a + 1 + 2b)^2 + 4(p + a)}},$$

cette dernière fraction est comprise entre 0 et 1.

Lorsque $n > p + a + 2b + 1$, $\dfrac{u_{n+1}}{u_n}$ sera supérieur à $\dfrac{1}{2}$, et les termes commencent à décroître assez lentement.

80. Cas particuliers. — Si $b = 0$, on aura :

$$\sum_p^\infty \frac{1}{(n+a)^2} = \frac{1}{p+a} + \frac{1}{2(p+a)(p+a+1)} + \cdots$$
$$+ \frac{1 \cdot 2 \ldots n}{(n+1)(p+a)(p+a+1) \ldots (p+a+n)} + \cdots$$

On a de même :

$$\sum_p^\infty \frac{1}{(n+a)(n+a+b)(n+a+c)} = \frac{1}{c-b} \sum_p^\infty \left(\frac{1}{(n+a)(n+a+b)} \right.$$
$$\left. - \frac{1}{(n+a)(n+a+c)} \right) = \frac{1}{c-b} \left[\frac{c-b}{2(p+a)(p+a+1)} + \cdots \right.$$
$$\left. + \frac{(1-b)(2-b)\ldots(n-b) - (1-c)(2-c)\ldots(n-c)}{(n+1)(p+a)\ldots(p+a+n)} + \cdots \right]$$

Si $b = c$

$$\sum_p^\infty \frac{1}{(n+a)(n+a+b)^2} = \frac{1}{2(p+a)(p+a+1)} + \cdots$$
$$+ \frac{(1-b)(2-b)\ldots(n-b)\left(\frac{1}{1-b} + \frac{1}{2-b} + \ldots + \frac{1}{n-b}\right)}{(n+1)(p+a)\ldots(p+a+n)} + \cdots$$

Si $c = 0$, on a :

$$\sum_p^\infty \frac{1}{(n+a)^2(n+a+b)} = \frac{1}{b} \sum_p^\infty \left(\frac{1}{(n+a)^2} - \frac{1}{(n+a)(n+a+b)} \right)$$
$$= \frac{1}{b} \left[\frac{b}{2(p+a)(p+a+1)} + \ldots + \frac{1 . 2 \ldots n - (1-b)(2-b)\ldots(n-b)}{(n+1)(p+a)\ldots(p+a+n)} + \ldots \right]$$

Si $b = c = 0$

$$\sum_p^\infty \frac{1}{(n+a)^3} = \frac{1}{2(p+a)(p+a+1)} + \ldots + \frac{1 . 2 \ldots n \left(1 + \frac{1}{2} + \ldots + \frac{1}{n}\right)}{(n+1)(p+a)\ldots(p+a+n)}$$

De même

$$\sum_p^\infty \frac{1}{(n+a)^3(n+a+b)} = \frac{1}{b} \sum_p^\infty \left(\frac{1}{(n+a)^3} - \frac{1}{(n+a)^2(n+a+b)} \right)$$
$$= \frac{1}{b^2} \sum_2^\infty \frac{(1-b)(2-b)\ldots(n-b) - 1.2\ldots n + 1.2\ldots n\left(1 + \frac{1}{2} + \ldots + \frac{1}{n}\right)b}{(n+1)(p+a)(p+a-1)\ldots(p+a+n)}$$

Si $b = 0$:

$$\sum_{p}^{\infty} \frac{1}{(n+a)^4} = \sum_{2}^{\infty} \frac{1.2\ldots n\left(\dfrac{1}{1.2} + \dfrac{1}{1.3} + \ldots + \dfrac{1}{1.n} + \dfrac{1}{2.3} + \ldots + \dfrac{1}{(n-1)n}\right)}{(n+1)(p+a)(p+a+1)\ldots(p+a+n)}$$

Toutes les fois que u_n est une fraction rationnelle dont le dénominateur n'a que des racines réelles, on pourra faire des transformations analogues, en réduisant u_n en fractions simples que l'on pourra ensuite grouper deux par deux. Mais ces transformations sont surtout utiles pour les séries qui décroissent lentement, c'est-à-dire lorsque la différence des degrés du dénominateur et du numérateur n'est pas trop grande.

81. Application. — Soit à calculer π^2 avec cinq chiffres décimaux, au moyen de la série (n° **60**)

$$\pi^2 = 6\left(1 + \frac{1}{2^2} + \frac{1}{3^2} + \ldots + \frac{1}{n^2} + \ldots\right).$$

On aura (n° **80**) :

$$\pi^2 = 6\left(1 + \frac{1}{2^2} + \frac{1}{3^2} + \ldots + \frac{1}{(p-1)^2} + \frac{1}{p} + \frac{1}{2p(p+1)} + \ldots\right.$$
$$\left. + \frac{1.2\ldots n}{(n+1)p(p+1)\ldots(p+n)} + \ldots\right)$$

$$u_n = 6\,\frac{1.2\ldots n}{(n+1)p(p+1)\ldots(p+n)}$$

$$\frac{u_{n+1}}{u_n} = \frac{n+1}{n+2} \cdot \frac{n+1}{p+n+1} = 1 - \frac{(p+1)(n+1)+p}{(n+2)(p+n+1)} < 1 - \frac{p+1}{n+p+2}$$

$$R_n < \frac{n+p+1}{p}\,u_n.$$

Si

$$n = p \quad , \quad R_n < 6\,\frac{1.2\ldots(p-1)}{p(p+1)\ldots(2p)} \cdot \frac{2p+1}{p+1}.$$

Si

$$n = p = 9 \quad , \text{ on trouve } \quad R_n < 0{,}0000029$$

$$\pi^2 = 6\left(1 + \frac{1}{4} + \frac{1}{9} + \frac{1}{16} + \frac{1}{25} + \frac{1}{36} + \frac{1}{49} + \frac{1}{64} + \frac{1}{9} + \frac{1}{2.9.10}\right) +$$
$$+ 6\left(\frac{1.2}{3.9.10.11} + \frac{1.2.3}{4.9.10.11.12} + \ldots + \frac{1.2\ldots 9}{10.9.10\ldots 18} + \ldots\right).$$

La première partie est égale à :

$$9 + \frac{15}{32} + \frac{6}{49} + \frac{6}{25} + \frac{1}{30} = 9{,}864532313$$

on calculera ensuite le terme

$$\frac{12}{3 \cdot 9 \cdot 10 \cdot 11} = \frac{4}{990} = 0{,}0040404$$

que l'on multipliera successivement par le rapport des **termes** consécutifs :

$$\frac{3}{16}, \frac{16}{65}, \frac{25}{84}, \frac{12}{35}, \frac{49}{128}, \frac{64}{153}, \frac{9}{20}.$$

On a ainsi :

$$
\begin{array}{r}
9{,}8645323 \\
40404 \\
7576 \\
1865 \\
555 \\
190 \\
73 \\
31 \\
14 \\
\hline
9{,}8696031 \\
\end{array}
$$

$$\pi^2 = 9{,}86960$$

Si on calcule π^2 par la première série $6\,\Sigma\,\dfrac{1}{n^2}$, en tenant compte de la valeur approchée du reste (n° **67**) il faudrait au moins 800 termes pour avoir la même approximation.

On aurait pu également employer la série (n° **60**) :

$$\frac{\pi^2}{8} = \Sigma\,\frac{1}{(2n-1)^2}$$

$$\pi^2 = 2\,\Sigma\,\frac{1}{\left(n - \frac{1}{2}\right)^2} = 8\left(1 + \frac{1}{3^2} + \ldots + \frac{1}{(2p-3)^2}\right) + \frac{4}{2p-1}$$

$$+ \frac{4}{2p-1}\left(\frac{2}{2(2p+1)} + \frac{2 \cdot 4}{3(2p+1)(2p+3)} + \ldots \right.$$

$$\left. + \frac{2 \cdot 4 \ldots 2n}{(n+1)(2p+1)(2p+3) + \ldots (2p+2n-1)} + \ldots\right)$$

on a

$$\frac{u_{n+1}}{u_n} = \frac{n^2 + 2n + 1}{n^2 + n\left(p + \frac{5}{2}\right) + 2\left(p + \frac{1}{2}\right)} < 1 - \frac{p + \frac{1}{2}}{n + p + 1}$$

quel que soit n, pourvu que $p \geqslant 2$ et (n° **68**) :

$$R_n < \frac{n + p}{p - \frac{1}{2}}\, u_n.$$

Si

$$p - 1 = n = 9 \quad , \quad \text{on a} \quad R_n < 2\,u_n$$

$$R_9 < \frac{4}{5}\,\frac{2 \cdot 4 \dots 18}{19 \cdot 21 \dots 37} = 0,0000012$$

ce qui donne la même approximation.

82. Deuxième application. — Soit à calculer l'expression :

$$S = 1 - \frac{1}{3^2} + \frac{1}{5^2} - \dots + \frac{1}{(4n-3)^2} - \frac{1}{(4n-1)^2} + \dots$$

On a (n° **80**)

$$\sum_p^\infty \frac{1}{\left(n - \frac{3}{4}\right)^2} = \frac{1}{p - \frac{3}{4}} + \frac{1}{2\left(p - \frac{3}{4}\right)\left(p + \frac{1}{4}\right)} + \dots$$

$$+ \frac{1 \cdot 2 \dots n}{(n+1)\left(p - \frac{3}{4}\right)\left(p + \frac{1}{4}\right) \dots \left(p - \frac{3}{4} + n\right)} + \dots$$

$$\sum_p^\infty \frac{1}{\left(n - \frac{1}{4}\right)^2} = \frac{1}{p - \frac{1}{4}} + \frac{1}{2\left(p - \frac{1}{4}\right)\left(p + \frac{3}{4}\right)} + \dots$$

$$+ \frac{1 \cdot 2 \dots n}{(n+1)\left(p - \frac{1}{4}\right)\left(p + \frac{3}{4}\right) \dots \left(p - \frac{1}{4} + n\right)} + \dots$$

$$S = 1 - \frac{1}{3^2} + \frac{1}{5^2} \dots - \frac{1}{(4p-5)^2} + \frac{1}{4}\left(\frac{1}{(4p-3)} + \frac{4}{2(4p-3)(4p+1)} + \dots\right.$$

$$+ \frac{4 \cdot 8 \dots 4n}{(n+1)(4p-3)(4p+1) \dots (4p+4n-3)} + \dots\Bigg) -$$

$$- \frac{1}{4}\left(\frac{1}{4p-1} + \frac{4}{2(4p-1)(4p+3)} + \dots\right.$$

$$+ \frac{4 \cdot 8 \dots 4n}{(n+1)(4p-1)(4p+3) \dots (4p+4n-1)} + \dots\Bigg).$$

Par exemple ; si $p = 5$:

$$S = \frac{8}{9} + \frac{24}{25 \cdot 49} + \frac{40}{81 \cdot 121} + \frac{56}{169 \cdot 225} +$$

$$+ \frac{1}{4}\left(\frac{1}{17} + \frac{4}{2 \cdot 17 \cdot 21} + \frac{4 \cdot 8}{3 \cdot 17 \cdot 21 \cdot 25} + \ldots\right.$$

$$\left. + \frac{4 \cdot 8 \ldots 4n}{(n+1)\, 17 \cdot 21 \ldots (4n+17)} + \ldots\right) -$$

$$- \frac{1}{4}\left(\frac{1}{19} + \frac{4}{2 \cdot 19 \cdot 23} + \ldots + \frac{4 \cdot 8 \ldots 4n}{(n+1)\, 19 \cdot 23 \ldots (4n+19)} + \ldots\right).$$

Si $n = 5$, on a :

$$\frac{8 \cdot 12 \cdot 16 \cdot 20}{6 \cdot 17 \cdot 21 \cdot 25 \cdot 29 \cdot 33 \cdot 37} = 0,000016$$

$$\frac{8 \cdot 12 \cdot 16 \cdot 20}{6 \cdot 19 \cdot 23 \cdot 27 \cdot 31 \cdot 35 \cdot 39} = 0,000010.$$

On a ensuite, pour la première série

$$\frac{u_6}{u_5} = \frac{6}{7} \cdot \frac{24}{41} = \frac{144}{287} > \frac{1}{2}$$

pour la seconde

$$\frac{v_6}{v_7} = \frac{6}{7} \cdot \frac{24}{43} = \frac{144}{301}.$$

Les restes seront inférieurs environ au double des derniers termes calculés (n° **79**). Si $\frac{u_{n+1}}{u_n}$ restait égal à $\frac{1}{2}$, le reste serait égal au dernier terme. En prenant comme valeur approchée du reste total

$$u_5 + v_5 = 0,000026$$

l'erreur est inférieure à ce nombre, et l'on peut calculer 4 chiffres décimaux.

Si on calculait S par la série donnée, pour que

$$\frac{1}{(2n-1)^2} < 0,00005$$

il faudrait $n = 72$.

On voit que l'avantage de cette transformation est encore important, sans être aussi grand que pour d'autres séries.

83. Méthode de Kummer. — A chaque terme u_n d'une série convergente, faisons correspondre un nombre λ_n tel que $\lambda_n u_n$ ait une limite déterminée l, lorsque n augmente indéfiniment. Posons :

$$a_n = \lambda_n - \lambda_{n+1}\,\frac{u_{n+1}}{u_n}$$

et supposons que a_n ait une limite a, non nulle. Soit :

$$u'_n = u_n\left(1 - \frac{a_n}{a}\right) = u_n - \frac{\lambda_n u_n - \lambda_{n+1} u_{n+1}}{a}\,.$$

En donnant à n des valeurs entières successives, on aura :

$$u'_1 + u'_2 + \ldots + u'_n = u_1 + u_2 + \ldots + u_n - \frac{\lambda_1 u_1 - \lambda_{n+1} u_{n+1}}{a}\,.$$

Si n augmente indéfiniment, il en résulte que la série $\Sigma u'_n$ est convergente, et

$$\sum_1^\infty u_n = \frac{\lambda_1 u_1 - l}{a} + \sum_1^\infty u'_n.$$

Le calcul numérique de la série Σu_n est remplacé par celui de la série $\Sigma u'_n$. qui converge plus rapidement, puisque le rapport $\frac{u'_n}{u_n} = 1 - \frac{a_n}{a}$ tend vers zéro, pour n infini.

Le choix assez arbitraire de λ_n rend cette méthode très générale. On peut remarquer que

$$a_n = \lambda_n + \frac{h}{u_n} - \frac{u_{n+1}}{u_n}\left(\lambda_{n+1} + \frac{h}{u_{n+1}}\right).$$

Si on remplace λ_n par $\lambda_n + \frac{h}{u_n}$, et par suite λ_{n+1} par $\lambda_{n+1} + \frac{h}{u_{n+1}}$, a_n et u'_n ne changent pas. Mais $\lambda_n u_n$ devient $\lambda_n u_n + h$; on peut toujours choisir h de façon que $l = 0$, $\lambda_n u_n$ tend alors vers zéro, et

$$\sum_1^\infty u_n = \frac{\lambda_1 u_1}{a} + \sum_1^\infty u'_n.$$

La même méthode peut s'appliquer à la série $\Sigma u'_n$.

Si $\lambda'_n u'_n$ tend vers zéro, et si

$$a'_n = \lambda'_n - \lambda'_{n+1}\,\frac{u'_{n+1}}{u'_n}$$

a une limite, non nulle, a', soit :

$$u''_n = u'_n \left(1 - \frac{a'_n}{a'} \right).$$

On a :

$$\sum_1^\infty u_n = \frac{\lambda_1 u_1}{a} + \frac{\lambda'_1 u'_1}{a'} + \sum_1^\infty u''_n$$

et ainsi de suite.

84 Applications. — Soit :

$$u_n = \frac{1}{(n+c)^2 (n+c+1)^2 \ldots (n+c+p-1)^2}$$

$$\frac{u_{n+1}}{u_n} = \left(\frac{n+c}{n+c+p} \right)^2.$$

Posons :

$$\lambda_n = n + c + p - 1$$

$$a_n = \lambda_n - \lambda_{n+1} \frac{u_{n+1}}{u_n} = n + c + p - 1 - \frac{(n+c)^2}{n+c+p} =$$

$$= -1 + p \frac{2n + 2c + p}{n+c+p} = 2p - 1 - \frac{p^2}{n+c+p}$$

a_n a pour limite $a = 2p - 1$

$$u'_n = u_n \left(1 - \frac{a_n}{a} \right) = \frac{p^2 u_n}{(2p-1)(n+c+p)}$$

$$\sum_1^\infty u_n = \frac{c+p}{(2p-1)(c+1)^2 (c+2)^2 \ldots (c+p)^2} +$$

$$+ \frac{p^2}{2p-1} \sum_1^\infty \frac{1}{(n+c)^2 (n+c+1)^2 \ldots (n+c+p-1)^2 (n+c+p)}.$$

On peut encore poser :

$$\lambda'_n = n + c + p \quad , \quad \frac{u'_{n+1}}{u'_n} = \frac{(n+c)^2}{(n+c+p)(n+c+p+1)}$$

$$a'_n = \lambda'_n - \lambda'_{n+1} \frac{u'_{n+1}}{u'_n} = n + c + p - \frac{(n+c)^2}{n+c+p} =$$

$$= \frac{p(2n + 2c + p)}{n+c+p} = 2p - \frac{p^2}{n+c+p}$$

$$u''_n = u'_n \frac{p}{2(n+c+p)} = \frac{p^3}{2(2p-1)(n+c)^2 (n+c+1)^2 \ldots (n+c+p)}$$

$$\sum_1^\infty u_n = \frac{c + \dfrac{3}{2}p}{(2p-1)(c+1)^2(c+2)^2 + \ldots + (c+p)^2} +$$

$$\frac{p^3}{2(2p-1)} \sum_1^\infty \frac{1}{(n+c)^2(n+c+1)^2 \ldots (n+c+p)^2}.$$

On arrive au même résultat en posant :

$$\lambda_n = \left(\frac{n+c+p-1}{n+c-1}\right)^2 \left(n+c-\frac{p}{2}-1\right)$$

de sorte que

$$\lambda_{n+1}\frac{u_{n+1}}{u_n} = n + c - \frac{p}{2}$$

$$a_n = \left(\frac{n+c+p-1}{n+c-1}\right)^2 \left(n+c-\frac{p}{2}-1\right) - \left(n+c-\frac{p}{2}\right) =$$

$$= 2p - 1 - \frac{p^3}{2(n+c-1)^2}$$

$$\sum_1^\infty u_n = \frac{2c-p}{2(2p-1)c^2(c+1)^2 \ldots (c+p-1)^2} +$$

$$\frac{p^3}{2(2p-1)} \sum_1^\infty \frac{1}{(n+c-1)^2(n+c)^2 \ldots (n+c+p-1)^2} =$$

$$\frac{2c+3p}{2(2p-1)(c+1)^2 \ldots (c+p)^2} + \frac{p^3}{2(2p-1)} \sum_1^\infty \frac{1}{(n+c)^2(n+c+1)^2 \ldots (n+c+p)^2}$$

en remplaçant p par $p+1$, $p+2,\ldots$ on peut ramener la série Σu_n à une série de même forme, où p est augmenté d'un nombre entier arbitraire.

85. Exemple. — Supposons $c = o$, soit :

$$S_p = \sum_1^\infty \frac{1}{n^2(n+1)^2 \ldots (n+p-1)^2}.$$

On a :

$$S_p = \frac{3p}{2(2p-1)(1 . 2 \ldots p)^2} + \frac{p^3}{2(2p-1)} S_{p+1}$$

$$S_1 = \frac{3}{2} + \frac{1}{2} S_2$$

$$\frac{(1 . 2 . 3 \ldots (p-1))^3}{2^{p-1} 1 . 3 . 5 \ldots (2p-3)} S_p = \frac{3}{2^p . p} \cdot \frac{1 . 2 . 3 \ldots (p-1)}{1 . 3 . 5 \ldots (2p-1)} +$$

$$+ \frac{(1 . 2 . 3 \ldots p)^3}{2^p . 1 . 3 . 5 \ldots (2p-1)} S_{p+1}.$$

Si on ajoute ces équations où $p = 1, 2,\ldots$ on a :

$$\frac{\pi^2}{6} = \sum_{1}^{\infty} \frac{1}{n^2} = S_1 = 3 \left(\frac{1}{2} + \frac{1}{2 \cdot 2^2} \cdot \frac{1}{3} + \frac{1}{3 \cdot 2^3} \cdot \frac{1 \cdot 2}{3 \cdot 5} + \ldots \right.$$

$$\left. + \frac{1}{p \cdot 2^p} \cdot \frac{1 \cdot 2 \ldots (p-1)}{3 \cdot 5 \ldots (2p-1)} \right) + \frac{(1 \cdot 2 \cdot 3 \ldots p)^3}{2^p 1 \cdot 3 \cdot 5 \ldots (2p-1)} \sum_{1}^{\infty} \frac{1}{n^2(n+1)^2 \ldots (n+p)^2}.$$

Si $p = n = 5$,

$$\pi^2 = 18 \left(\frac{1}{2} + \frac{1}{2 \cdot 2^2} \frac{1}{3} + \ldots + \frac{1}{5 \cdot 2^5} \frac{1 \cdot 2 \cdot 3 \cdot 4}{3 \cdot 5 \cdot 7 \cdot 9} \right) +$$

$$+ \frac{2400}{7} \left(\frac{1}{(1 \cdot 2 \cdot 3 \cdot 4 \cdot 5 \cdot 6)^2} + \ldots + \frac{1}{(5 \cdot 6 \cdot 7 \cdot 8 \cdot 9 \cdot 10)^2} \right)$$

le dernier terme calculé sera

$$\frac{1}{42(4 \cdot 5 \cdot 7 \cdot 9)^2} = 0,000000015.$$

Le reste est notablement plus petit, car les termes qui suivent décroissent encore assez vite, le rapport $\left(\frac{n}{n+6} \right)^2$ de deux termes consécutifs ne dépassant $\frac{1}{2}$, que si $n > 14$. On obtient ainsi la valeur de π^2 avec 7 chiffres décimaux.

On peut supposer que p augmente indéfiniment, il est facile de voir que la série complémentaire tend vers zéro, et l'on a :

$$\pi^2 = 18 \left(\frac{1}{2} + \frac{1}{2 \cdot 2^2} \cdot \frac{1}{3} + \ldots + \frac{1}{n \cdot 2^n} \frac{1 \cdot 2 \ldots (n-1)}{3 \cdot 5 \ldots (2n-1)} + \ldots \right).$$

Le rapport $\frac{u_{n+1}}{u_n}$ a pour limite $\frac{1}{4}$, et cette série pourrait être utilisée, mais il vaut mieux calculer les premiers termes de la série complémentaire, qui décroissent très vite.

On peut encore remarquer que :

$$2^{n-1} \, 1 \cdot 3 \cdot 5 \ldots (2n-1) = 2^{n-1} \frac{1 \cdot 2 \cdot 3 \ldots (2n-1)}{2 \cdot 4 \ldots (2n-2)} =$$

$$= n(n+1)(n+2) \ldots (2n-1)$$

ce qui permet d'écrire la série précédente sous la forme :

$$\frac{\pi^2}{9} = 1 + \frac{1}{2^2 \cdot 3} + \frac{1 \cdot 2}{3^2 \cdot 4 \cdot 5} + \ldots + \frac{1 \cdot 2 \ldots (n-1)}{n^2 (n+1) \ldots (2n-1)} + \ldots$$

et chaque dénominateur est divisible par le numérateur.

86. Deuxième exemple. — Si $c = -\dfrac{1}{2}$ dans les formules du n° **84**, on a, en supprimant le facteur commun 4^p :

$$\sum_1^\infty \frac{1}{(2n-1)^2(2n+1)^2\ldots(2n+2p-3)^2} = \frac{3p-1}{2(2p-1)\left(1.3\ldots(2p-1)\right)^2} +$$

$$+ \frac{2p^3}{2p-1} \sum \frac{1}{(2n-1)^2(2n+1)^2\ldots(2n+2p-1)^2}$$

ou, en posant :

$$S_p = \sum_1^\infty \frac{1}{(2n-1)^2(2n+1)^2\ldots(2n+2p-3)^2}, \ S_1 = 1 + 2S_2,$$

$$2^{p-1}\frac{\left(1.2\ldots(p-1)\right)^3}{1.3\ldots(2p-3)} S_p = 2^{p-2}(3p-1)\left(\frac{1.2\ldots(p-1)}{1.3\ldots(2p-1)}\right)^3 +$$

$$+ 2^p \frac{(1.2\ldots p)^3}{1.3\ldots(2p-1)} S_{p+1}$$

et, en ajoutant :

$$S_1 = \sum_1^\infty \frac{1}{(2n-1)^2} = 1 + \frac{5}{3^3} + 2.8\left(\frac{2}{3.5}\right)^3 + \ldots$$

$$+ 2^{p-2}(3p-1)\left(\frac{1.2\ldots(p-1)}{1.3\ldots(2p-1)}\right)^3 + 2^p \frac{(1.2\ldots p)^3}{1.3.5\ldots(2p-1)} S_{p+1}.$$

Par exemple (n° **60**)

$$\frac{\pi^2}{8} = S_1 = \sum \frac{1}{(2n-1)^2} = 1 + \frac{5}{27} + \frac{128}{15^3} + \frac{352}{35^3}$$

$$+ \frac{9.2^{13}}{35}\left(\frac{1}{(1.3.5.7.9)^2} + \frac{1}{(3.5.7.9.11)^2} + \ldots\right)$$

Il suffit de 4 termes de cette dernière série pour calculer π^2 avec 7 décimales.

Si p augmente indéfiniment, on a

$$\frac{\pi^2}{2} = 4 + 2^2.5\left(\frac{1}{3}\right)^2 + 2^3.8\left(\frac{1.2}{3.5}\right)^3 + \ldots$$

$$+ 2^n(3n-1)\left(\frac{1.2\ldots(n-1)}{3.5\ldots(2n-1)}\right)^3 + \ldots$$

87. Deuxième application. — Soit :

$$u_n = \frac{1}{(n+c)^3(n+c+1)^3 \dots (n+c+p-1)^3}$$

$$\frac{u_{n+1}}{u_n} = \left(\frac{n+c}{n+c+p}\right)^3.$$

Posons :

$$\lambda_n = \frac{(n+c+p-1)^2}{n+c-1}$$

$$a_n = \lambda_n - \lambda_{n+1}\frac{u_{n+1}}{u_n} = \frac{(n+c+p-1)^2}{n+c-1} - \frac{(n+c)^2}{n+c+p}$$

$$= 3p - 1 + \frac{p^2(p+1)}{(n+c-1)(n+c+p)} \quad , \quad a = 3p - 1$$

$$u'_n = u_n\left(1 - \frac{a_n}{a}\right) = -\frac{p^2(p+1)}{3p-1} \cdot \frac{u_n}{(n+c-1)(n+c+p)}$$

$$\frac{u'_{n+1}}{u'_n} = \left(\frac{n+c}{n+c+p}\right)^2 \frac{n+c-1}{n+c+p+1}$$

Posons :

$$\lambda'_n = \frac{(n+c+p-1)(n+c+p)}{n+c-1}$$

$$a'_n = \frac{(n+c+p-1)(n+c+p)}{n+c-1} - \frac{(n+c)(n+c-1)}{n+c+p}$$

$$= 3p + 1 + p\frac{(p+1)^2}{(n+c-1)(n+c+p)} \quad , \quad a' = 3p + 1$$

$$u''_n = -\frac{p(p+1)^2}{3p+1} \frac{u'_n}{(n+c-1)(n+c+p)}$$

$$= \frac{p^3(p+1)^3}{9p^2-1} \frac{u_n}{(n+c-1)^2(n+c+p)^2}$$

$$\frac{u''_{n+1}}{u''_n} = \frac{n+c}{n+c+p}\left(\frac{n+c-1}{n+c+p+1}\right)^2$$

Posons :

$$\lambda''_n = \frac{(n+c+p)^2}{n+c-1}$$

$$a''_n = \frac{(n+c+p)^2}{n+c-1} - \frac{(n+c-1)^2}{n+c+p}$$

$$= (p+1)\left(3 + \frac{(p+1)^2}{(n+c-1)(n+c+p)}\right) \quad , \quad a'' = 3(p+1)$$

$$u'''_n = \frac{-(p+1)^2}{3} \frac{u''_n}{(n+c-1)(n+c+p)}$$

$$= -\frac{p^3(p+1)^5}{3(9p^2-1)} \frac{u_n}{(n+c-1)^3(n+c+p)^3}.$$

On aura :

$$\sum_1^\infty \frac{1}{(n+c)^3 (n+c+1)^3 \ldots (n+c+p-1)^3}$$

$$= \frac{1}{(9p^2-1)c(c+1)^3(c+2)^3 \ldots (c+p-1)^3(c+p)}\left(3p+1\right.$$

$$\left. - \frac{p^2(p+1)}{c(c+p)} + \frac{p^3(p+1)^2}{3c^2(c+p)^2}\right)$$

$$- \frac{p^3(p+1)^5}{3(9p^2-1)} \sum_1^\infty \frac{1}{(n+c-1)^3 (n+c)^3 \ldots (n+c+p)^3}.$$

Si $p = 1$

$$\sum_1^\infty \frac{1}{(n+c)^3} = \frac{6c^2(c+1)^2 - 3c(c+1) + 2}{12c^3(c+1)^3}$$

$$- \frac{4}{3} \sum_1^\infty \frac{1}{(n+c-1)^3 (n+c)^3 (n+c+1)^3}.$$

En remplaçant c par $c-1$, et p par 3, on a

$$\sum_1^\infty \frac{1}{(n+c-1)^3(n+c)^3(n+c+1)^3} = \frac{5(c-1)^2(c+2)^2-18(c-1)(c+2)+72}{40(c-1)^3c^3(c+1)^3(c+2)^3}$$

$$- \frac{9}{5}4^3 \sum_1^\infty \frac{1}{(n+c-2)^3(n+c-1)^3(n+c)^3(n+c+1)^3(n+c+2)^2}.$$

Supposons $c = 2$, on aura :

$$\sum_1^\infty \frac{1}{(n+2)^3} = \frac{100}{6^4}$$

$$- \frac{4}{3}\left(\frac{1}{2^5 . 6^3} - \frac{9}{5}4^3 \sum_1^\infty \frac{1}{n^3(n+1)^3(n+2)^3(n+3)^3(n+4)^3}\right)$$

$$\sum_1^\infty \frac{1}{n^3} = 1 + \frac{1}{8} + \frac{133}{1728} + \frac{3}{5}4^4 \sum_1^\infty \left(\frac{1}{n(n+1)(n+2)(n+3)(n+4)}\right)^3$$

Si on calcule 5 termes,

$$\frac{3}{5} \cdot \frac{4^4}{(5 . 6 . 7 . 8 . 9)^3} = \frac{0,44}{10^{10}}$$

le suivant est $\frac{1}{8}$ de ce terme. On peut ainsi calculer $\sum\limits_{1}^{\infty} \frac{1}{n^3}$ avec 10 chiffres décimaux.

Si on voulait calculer directement $\sum\limits_{1}^{\infty} \frac{1}{n^3}$, même en utilisant la valeur approchée du reste $\frac{1}{2(n+1)^2}$ n° **(68)**, il faudrait, pour avoir la même approximation, calculer 272 termes, afin que $\frac{1}{n^3}$ soit plus petit que $\frac{1}{2 \cdot 10^{10}}$.

88. Troisième application. — Considérons encore la série $\sum\limits_{1}^{\infty} \frac{1}{n^4}$.

$$\frac{u_{n+1}}{u_n} = \left(\frac{n}{n+1}\right)^4$$

Posons :

$$\lambda_n = n + p + \frac{q}{n}$$

$$a_n = n + p + \frac{q}{n} - \left(\frac{n}{n+1}\right)^4 \left(n + 1 + p + \frac{q}{n+1}\right).$$

Si on développe suivant les puissances de $\frac{1}{n}$, on a :

$$\frac{n^4}{(n+1)^3} = n\left(1+\frac{1}{n}\right)^{-3} = n - 3 + \frac{3 \cdot 4}{2n} - \frac{4 \cdot 5}{2n^2} + \dots$$

$$p\left(\frac{n}{n+1}\right)^4 = p\left(1+\frac{1}{n}\right)^{-4} = p\left(1 - \frac{4}{n} + \frac{4 \cdot 5}{2n^2} - \dots\right)$$

$$\frac{qn^4}{(n+1)^5} = \frac{q}{n}\left(1+\frac{1}{n}\right)^{-5} = q\left(\frac{1}{n} - \frac{5}{n^2} + \dots\right)$$

$$a_n = 3 + \frac{4p-6}{n} + 5\frac{q - 2p + 2}{n^2} + \dots$$

Pour que $u'_n = u_n\left(1 - \frac{a_n}{3}\right)$ soit le plus petit possible lorsque n devient grand, il faut prendre $p = \frac{3}{2}$, $q = 1$, pour que les termes en $\frac{1}{n}$ et $\frac{1}{n^2}$ disparaissent.

On a alors :

$$\lambda_n = n + \frac{3}{2} + \frac{1}{n}$$

$$a_n = n + \frac{3}{2} + \frac{1}{n} - \left(\frac{n}{n+1}\right)^4 \left(n + \frac{5}{2} + \frac{1}{n+1}\right) = 3 + \frac{7 n(n+1) + 2}{2 n (n+1)^3}$$

$$u'_n = - \frac{7 n(n+1) + 2}{6 n^5 (n+1)^5}$$

$$\sum_1^\infty \frac{1}{n^4} = \frac{7}{6} - \sum_1^\infty \frac{7 n(n+1) + 2}{6 n^5 (n+1)^5}.$$

Il est facile de voir que le même calcul peut se faire en remplaçant n par $n + c$, et l'on aura, quelque soit c :

$$u_n = \frac{1}{(n+c)^4} \quad , \quad \lambda_n = n + c + \frac{3}{2} + \frac{1}{n+c}$$

$$a_n = 3 + \frac{7 (n+c)(n+c+1) + 2}{2 (n+c)(n+c+1)^5}$$

$$\sum_1^\infty \frac{1}{(n+c)^4} = \frac{2 c^2 + 7 c + 7}{6 (c+1)^5} - \sum_1^\infty \frac{7 (n+c)(n+c+1) + 2}{6 (n+c)^5 (n+c+1)^5} \,.$$

Par exemple, si $c = -\frac{1}{2}$ (n° **60**)

$$\pi^4 = 96 \sum_1^\infty \frac{1}{(2n-1)^4} = 128 - 256 \sum_1^\infty \frac{7(4 n^2 - 1) + 8}{(4 n^2 - 1)^5}$$

89. **Quatrième application.** — Pour calculer $\displaystyle\sum_1^\infty \frac{1}{(n+c)^5}$ on pourra poser :

$$\lambda_n = \frac{(n+c)^3 - \frac{4}{3}(n+c+1)}{(n+c-1)^2} \quad , \quad \frac{u_{n+1}}{u_n} = \left(\frac{n+c}{n+c+1}\right)^5$$

$$a_n = \frac{(n+c)^3 - \frac{4}{3}(n+c+1)}{(n+c-1)^2} - \frac{(n+c)^3}{(n+c+1)^5}\left[(n+c+1)^3 - \frac{4}{3}(n+c+2)\right]$$

$$= 4 - \frac{4}{(n+c-1)^2(n+c+1)^5}\left[(n+c)(n+c+1)(n+c+5) + \frac{4}{3}\right]$$

$$\sum_1^\infty \frac{1}{(n+c)^5} = \frac{(c+1)^3 - \frac{4}{3}(c+2)}{4 c^2 (c+1)^5} + \sum_1^\infty \frac{(n+c)(n+c+1)(n+c+5) + \frac{4}{3}}{(n+c-1)^2(n+c)^5 n+c+1)^5}$$

Soit $c = 12$, on a :

$$\sum_{13}^{\infty} \frac{1}{n^5} = \frac{3 \cdot 13^3 - 56}{12^3 \cdot 13^5} + \sum_{13}^{\infty} \frac{n(n+1)(n+5) + \frac{4}{3}}{(n-1)^2 n^5 (n+1)^5}$$

$$= \frac{6535}{12^3 \cdot 13^5} + \frac{1 + \frac{1}{2457}}{8 \cdot 13^4 \cdot 14^4} + \frac{19 + \frac{2}{315}}{13^2 \cdot 14^4 \cdot 15^4} + \cdots$$

ou

$$
\begin{array}{r}
0,000010185564 \\
114 \\
58 \\
\hline
0,000010185736
\end{array}
$$

le rapport $\frac{u_{n+1}}{u_n}$ varie lentement, pour les premiers termes il est égal à peu près à $\frac{58}{114}$ et diffère peu de $\frac{1}{2}$, le reste est donc **du même ordre** que le dernier terme 58 et $\sum\limits_{13}^{\infty} \frac{1}{n^5} = 0,00001018580$.

En ajoutant

$$\sum_{1}^{12} \frac{1}{n^5} = 1 + \frac{1}{7^5} + \frac{1}{8^5} + \frac{1}{9^5} + \frac{1}{11^5} + \frac{33}{10^5} + \frac{2269}{2^8 \cdot 3^5}$$

$$= 1,036 \; 917 \; 569 \; 334.$$

On a :

$$\sum_{1}^{\infty} \frac{1}{n^5} = 1,036 \; 927 \; 755 \; 13.$$

90. Séries à signes alternés. — Si $\frac{u_{n+1}}{u_n}$ est négatif, pour que a_n ait une limite finie (n° **83**), il faut que λ_n reste fini. Si $\frac{u_{n+1}}{u_n}$ a pour limite -1, on peut choisir λ_n de façon que sa limite soit 1, celle de a_n sera $a = 2$.

Soit :

$$u_n = \frac{(-1)^{n-1}}{(n+c)^2 (n+c+1)^2 \ldots (n+c+p-1)^2}$$

$$\frac{u_{n+1}}{u_n} = -\left(\frac{n+c}{n+c+p}\right)^2$$

Posons :

$$\lambda_n = \frac{n+c+p-1}{n+c-1}$$

$$a_n = \frac{n+c+p-1}{n+c-1} + \frac{n+c}{n+c+p} = 2 + \frac{p(p+1)}{(n+c-1)(n+c+p)}$$

$$u'_n = -\frac{p(p+1)}{2} \cdot \frac{u_n}{(n+c-1)(n+c+p)}$$

$$\frac{u'_{n+1}}{u'_n} = -\frac{(n+c-1)(n+c)}{(n+c+p)(n+c+p+1)} \cdot$$

Posons encore :

$$\lambda'_n = \frac{n+c+p}{n+c-1}$$

$$a'_n = \frac{n+c+p}{n+c-1} + \frac{n+c-1}{n+c+p} = 2 + \frac{(p+1)^2}{(n+c-1)(n+c+p)}$$

$$u''_n = -\frac{(p+1)^2}{2} \frac{u'_n}{(n+c-1)(n+c+p)}$$

$$= \frac{p(p+1)^3}{4} \frac{(-1)^{n-1}}{(n+c-1)^2 (n+c)^2 \ldots (n+c+p)^2}$$

$$\sum_1^\infty u_n = \frac{c+p}{2c(c+1)^2 \ldots (c+p)^2} - \frac{p(p+1)}{4\, c^2(c+1)^2 \ldots (c+p)^2} + \sum_1^\infty u''_n$$

$$\sum_1^\infty \frac{(-1)^{n-1}}{(n+c)^2(n+c+1)^2 \ldots (n+c+p-1)^2} = \frac{2c(c+p)-p(p+1)}{4c^2(c+1)^2 \ldots (c+p)^2}$$

$$+ \frac{p}{4}(p+1)^3 \sum_1^\infty \frac{(-1)^{n-1}}{(n+c-1)^2 \ldots (n+c+p)^2} = \frac{2c(c+p)-p(p+1)}{4c^2(c+1)^2 \ldots (c+p)^2}$$

$$+ \frac{p(p+1)^3}{4c^2(c+1)^2 \ldots (c+p+1)^2} - \frac{p}{4}(p+1)^3 \sum_1^\infty \frac{(-1)^{n-1}}{(n+c)^2 \ldots (n+c+p+1)^2}$$

$$= \frac{2c(c+3p+2)+(p+1)(5p+2)}{4(c+1)^2(c+2)^2 \ldots (c+p+1)^2} - \frac{p}{4}(p+1)^3 \sum_1^\infty \frac{(-1)^{n-1}}{(n+c)^2 \ldots (n+c+p+1)^2} \cdot$$

Pour calculer $\sum \dfrac{(-1)^{n-1}}{(n+c)^2}$ on prendra successivement $p = 1,3,5\ldots$
On a :

$$\sum_{1}^{\infty} \frac{(-1)^{n-1}}{(n+c)^2} = \frac{c(c+5)+7}{2(c+1)^2(c+2)^2} - 2 \sum_{1}^{\infty} \frac{(-1)^{n-1}}{(n+c)^2(n+c+1)^2(n+c+2)^2}$$

$$\sum_{1}^{\infty} \frac{(-1)^{n-1}}{(n+c)^2(n+c+1)^2(n+c+2)^2} = \frac{c(c+11)+34}{2(c+1)^2(c+2)^2(c+3)^2(c+4)^2}$$

$$-48 \sum_{1}^{\infty} \frac{(-1)^{n-1}}{(n+c)^2 \ldots (n+c+4)^2}$$

$$\sum_{1}^{\infty} \frac{(-1)^{n-1}}{(n+c)^2 \ldots (n+c+4)^2} = \frac{c(c+17)+81}{2(c+1)^2 \ldots (c+6)^2}$$

$$-270 \sum_{1}^{\infty} \frac{(-1)^{n-1}}{(n+c)^2 \ldots (n+c+6)^2}.$$

On en déduit :

$$\sum_{1}^{\infty} \frac{(-1)^{n-1}}{(n+c)^2} = \frac{c(c+5)+7}{2(c+1)^2(c+2)^2} - \frac{c(c+11)+34}{(c+1)^2(c+2)^2(c+3)^2(c+4)^2}$$

$$+96 \sum_{1}^{\infty} \frac{(-1)^{n-1}}{(n+c)^2 \ldots (n+c+4)^2}$$

$$\sum_{1}^{\infty} \frac{(-1)^{n-1}}{(n+c)^2} = \frac{c(c+5)+7}{2(c+1)^2(c+2)^2} - \frac{c(c+11)+34}{(c+1)^2(c+2)^2(c+3)^2(c+4)^2}$$

$$+48 \frac{c(c+17)+81}{(c+1)^2 \ldots (c+6)^2} - 20 \cdot 6^4 \sum_{1}^{\infty} \frac{(-1)^{n-1}}{(n+c)^2 \ldots (n+c+6)^2}.$$

On a avantage à employer l'une ou l'autre de ces formules suivant le degré d'approximation que l'on veut obtenir.

91. Exemple. — Soit par exemple à calculer $\sum_{1}^{8} \dfrac{(-1)^{n-1}}{(2n-1)^2}$.

Pour $c = -\dfrac{1}{2}$, la dernière formule devient :

$$\sum_{1}^{\infty} \frac{(-1)^{n-1}}{(2n-1)^2} = \frac{3919}{4410} + 97\left(\frac{64}{5 \cdot 7 \cdot 9 \cdot 11}\right)^2$$

$$- 5 \cdot 2^{14} \cdot 6^4 \sum_{1}^{\infty} \frac{(-1)^{n-1}}{(2n-1)^2(2n+1)^2 \dots (2n+11)^2}.$$

Les deux premiers termes ont les valeurs :

$$0,888662\,131\,519$$
$$0,033092\,166\,772$$
$$\overline{0,921754\,298\,291}$$

Le premier terme de la dernière série donne :

$$\frac{5 \cdot 2^{14} \cdot 6^4}{(1 \cdot 3 \cdot 5 \cdot 7 \cdot 9 \cdot 11 \cdot 13)^2} = 0,005\,813\,788\,831.$$

On calculera les termes suivants en multipliant successivement par $\left(\frac{1}{15}\right)^2$, $\left(\frac{3}{17}\right)^2$, $\left(\frac{5}{19}\right)^2$ ... ce qui donne :

$$0,921\,754\,298\,291$$
$$- 0,005\,813\,788\,831$$
$$+ 025\,839\,061$$
$$- 804\,677$$
$$+ 055\,726$$
$$- 006\,192$$
$$+ 948$$
$$- 184$$
$$+ 043$$
$$- 012$$
$$+ 4$$
$$- 1$$
$$\overline{0,915\,965\,594\,176}$$

$1 - \frac{1}{3^2} + \frac{1}{5^2} \dots = 0,915\,965\,5942$ par excès. Pour avoir la même approximation par le calcul direct de la première série, il faudrait calculer plus de $70\,000$ termes pour que $(2n-1)^2 > 2 \cdot 10^{10}$.

92. Deuxième exemple. — Soit encore à calculer l'expression (n° **61**)

$$\frac{\pi^2}{12} = \sum_{1}^{\infty} \frac{(-1)^{n-1}}{n^2}.$$

Remplaçons c par zéro, et p par $2p - 1$ (n° **90**). Posons :

$$s_p = \sum_1^\infty \frac{(-1)^{n-1}}{n^2(n+1)^2\ldots(n+2p-2)^2} = \frac{p(10p-3)}{2(1.2\ldots 2p)^2} - 2(2p-1)p^3 s_{p+1}$$

$$s_1 = \sum_1^\infty \frac{(-1)^{n-1}}{n^2} = \frac{7}{8} - 2s_2$$

$$2s_2 = \frac{34}{(2.3.4)^2} - 2^3.3.4 s_3$$

$$\left(1.2.3\ldots(p-1)\right)^3 p(p+1)\ldots(2p-2)s_p = \frac{10p-3}{4(2p-1)}\frac{1.2\ldots(p-1)}{p(p+1)\ldots 2p}$$
$$- (1.2.3\ldots p)^3(p+1)\ldots 2p\, s_{p+1}.$$

En multipliant s_p par $(-1)^{p-1}$, et en ajoutant ces équations, on a :

$$\sum_1^\infty \frac{(-1)^{n-1}}{n^2} = \frac{1}{4}\left(\frac{7}{2} - \frac{17}{3}\frac{1}{2.3.4} + \ldots + (-1)^{p-1}\frac{10p-3}{2p-1}\frac{1.2\ldots(p-1)}{p(p+1)\ldots 2p}\right)$$
$$+ (-1)^p(1.2\ldots p)^3(p+1)\ldots 2p \sum_1^\infty \frac{(-1)^{n-1}}{n^2(n+1)^2\ldots(n+2p)^2}$$

Par exemple, si $p = 3$

$$\frac{\pi^2}{12} = \frac{235}{288} + \frac{3}{400} - (1.2.3)^2 4.5.6\left(\frac{1}{(1.2\ldots 7)^2} - \frac{1}{(2.3\ldots 8)^2} + \ldots\right)$$

Si p augmente indéfiniment, on obtient la nouvelle série :

$$\frac{\pi^2}{3} = \frac{7}{2} - \frac{17}{3}\frac{1}{2.3.4} + \ldots + (-1)^{n-1}\frac{10n-3}{2n-1}\frac{1.2\ldots(n-1)}{n(n+1)\ldots 2n} + \ldots$$

Pour laquelle

$$-\frac{u_{n+1}}{u_n} = \frac{10n+7}{10n-3}\frac{2n-1}{2n+1}\frac{n^2}{(2n+1)(2n+2)}$$

a pour limite $\frac{1}{4}$. Mais, pour le calcul numérique, il vaut toujours mieux utiliser les premiers termes de la série complémentaire, qui décroissent plus vite.

93. **Calcul de L2.** — On a (n° **75**)

$$L_2 = \sum_1^\infty \frac{(-1)^{n-1}}{n} = \frac{1}{2} + \frac{1}{2}\sum_1^\infty \frac{(-1)^{n-1}}{n(n+1)}.$$

Soit :

$$u_n = \frac{(-1)^{n-1}}{n(n+1)} \quad , \quad \frac{u_{n+1}}{u_n} = -\frac{n}{n+2}$$

$$\lambda_n = \frac{n+1}{n}$$

$$a_n = \lambda_n - \lambda_{n+1}\frac{u_{n+1}}{u_n} = \frac{n+1}{n} + \frac{n}{n+1} = 2 + \frac{1}{n(n+1)}$$

$$u'_n = \frac{(-1)^n}{2n^2(n+1)^2}$$

$$\sum \frac{(-1)^{n-1}}{n(n+1)} = \frac{1}{2} + \frac{1}{2}\sum \frac{(-1)^n}{n^2(n+1)^2}$$

$$L_2 = \frac{3}{4} - \frac{1}{4}\sum_1^\infty \frac{(-1)^{n-1}}{n^2(n+1)^2}.$$

Les formules du n° **90**, où l'on remplace c par 0, et p par $2p$, donnent :

$$\sum_1^\infty \frac{(-1)^{n-1}}{n^2(n+1)^2 \ldots (n+2p-1)^2} = \frac{5p+1}{2(2p+1).(1.2.3\ldots 2p)^2} -$$

$$- \frac{p}{2}(2p+1)^3 \sum_1^\infty \frac{(-1)^{n-1}}{n^2(n+1)^2 \ldots (n+2p+1)^2}.$$

En posant $S_p = \sum_1^\infty \frac{(-1)^{n-1}}{n^2 \ldots (n+2p-1)^2}$, on a :

$$\frac{1.2\ldots(2p-1)}{2^{2p-2}}(1.3\ldots(2p-1))^2 S_p =$$

$$= \frac{1.3\ldots 2p-1}{2.4\ldots 2p}\frac{5p+1}{p(2p+1)4^p} -$$

$$- \frac{1.2\ldots(2p+1)}{2^{2p}}(1.3\ldots(2p+1))^2 S_{p+1}$$

$$S_1 = \sum_1^\infty \frac{(-1)^{n-1}}{n^2(n+1)^2} = \frac{1}{4} - \frac{33}{1280} + \ldots$$

$$+ (-1)^{p-1}\frac{1.3\ldots 2p-1}{2.4\ldots 2p}\frac{5p+1}{p(2p+1)4^p} +$$

$$+ (-1)^p \frac{1.2\ldots(2p+1)}{2^{2p}}(1.3\ldots(2p+1))^2 S_{p+1}.$$

Si $p = 4$ on a :

$$L_2 = \frac{3\,553}{5\,120} - \frac{5}{5\,376} + \frac{245}{6 \cdot 4^9} -$$

$$- \frac{3}{8}(3 \cdot 5 \cdot 7 \cdot 9)^3 \left(\frac{1}{(1 \cdot 2 \ldots 10)^2} - \frac{1}{(2 \cdot 3 \ldots 11)^2} + \ldots \right).$$

Les termes successifs donnent :

$$
\begin{aligned}
&+ 0,693\,945\,31\mathbf{2}\,5 \\
&- 0,000\,930\,05\mathbf{9}\,523\,81 \\
&+ 0,000\,155\,766\,805\,01 \\
&\quad\quad - \;\; 024\,032\,592\,77 \\
&\quad\quad\quad + \;\; 198\,616\,47 \\
&\quad\quad\quad - \;\; 005\,517\,12 \\
&\quad\quad\quad\quad + \;\; 293\,81 \\
&\quad\quad\quad\quad - \;\; 023\,98 \\
&\quad\quad\quad\quad + \;\; 002\,66 \\
&\quad\quad\quad\quad\quad - 37 \\
&\quad\quad\quad\quad\quad + 06 \\
&\quad\quad\quad\quad\quad\quad - 1 \\
\hline
&+ 0,693\,147\,180\,559\,95
\end{aligned}
$$

$$L_2 = 0,693\,147\,180\,560.$$

94. Calcul de π. — On a (n° **77**)

$$\frac{\pi}{4} - \frac{1}{2} = \sum \frac{(-1)^{n-1}}{(2n-1)(2n+1)}$$

$$\frac{u_{n+1}}{u_n} = - \frac{2n-1}{2n+3}.$$

Posons $\lambda_n = \dfrac{2n+1}{2n-1}$

$$a_n = \frac{2n+1}{2n-1} + \frac{2n-1}{2n+1} = 2\left(1 + \frac{2}{4n^2-1}\right)$$

$$u'_n = \frac{2(-1)^n}{(4n^2-1)^2}$$

$$\frac{\pi}{4} = 1 - 2 \sum \frac{(-1)^{n-1}}{(4n^2-1)^2}.$$

Les formules du n° **90**, pour $c = -\frac{1}{2}$ donnent :

$$\sum \frac{(-1)^{n-1}}{(2n-1)^2(2n+1)^2} = \frac{19}{150} - 6^3 \sum \frac{(-1)^{n-1}}{(2n-1)^2(2n+1)^2(2n+3)^2(2n+5^2)}$$

$$\sum \frac{(-1)^{n-1}}{(2n-1)^2(2n+1)^2(2n+3)^2(2n+5)^2} = \frac{193}{2(3 \cdot 5 \cdot 7 \cdot 9)^2} -$$

$$- 2\,000 \sum \frac{(-1)^{n-1}}{(2n-1)^2 \dots (2n+9)^2}$$

$$\frac{\pi}{4} = \frac{56}{75} + 2 \cdot 6^3 \sum_1^\infty \frac{(-1)^{n-1}}{(2n-1)^2(2n+1)^2(2n+3)^2(2n+5)^2}.$$

$$\frac{\pi}{4} = \frac{56}{75} + \frac{193}{(5 \cdot 7)^2}\left(\frac{2}{3}\right)^3 - 4 \cdot 60^3 \sum_1^\infty \frac{(-1)^{n-1}}{(2n-1)^2 \dots (2n+9)^2}$$

95. Méthode de Markoff. — Soient $U_{p,q}$ et $V_{p,q}$ des fonctions des deux indices entiers p et q, telles que l'on ait, pour toutes valeurs de ces indices, à partir de o,

$$(1) \qquad U_{p,q} - U_{p+1,q} = V_{p,q} - V_{p,q+1}.$$

En ajoutant ces relations où p prend les valeurs de o, 1, 2… p, on a :

$$U_{0,q} - U_{p+1,q} = V_{0,q} + V_{1,q} + \dots + V_{p,q} - V_{0,q+1} -$$
$$- V_{1,q+1} - \dots - V_{p,q+1}.$$

Supposons la série $\sum_0^\infty V_{n,q}$ convergente, quel que soit q, et posons

$$S_q = \sum_{p=0}^\infty V_{p,q} = V_{0,q} + V_{1,q} + \dots + V_{p,q} + \dots$$

Supposons, en outre, que $U_{p,q}$ tende vers zéro, lorsque p augmente indéfiniment, quel que soit q ; et que S_q tende vers zéro, pour q infini. Lorsque p devient infini, on aura :

$$U_{0,q} = S_q - S_{q+1}$$

et

$$U_{0,0} + U_{0,1} + \dots + U_{0,q} = S_0 - S_{q+1}.$$

Si q devient infini, cette relation devient :

$$U_{0,0} + U_{0,1} + \ldots + U_{0,q} + \ldots = S_0 = V_{0,0} + V_{1,0} + \ldots + V_{p,0} + \ldots$$

La série $\sum\limits_{0}^{\infty} U_{0,n}$ est remplacée par la série $\sum\limits_{0}^{\infty} V_{n,0}$.

Posons, par exemple :

$$(2) \quad \begin{cases} U_{p,q} = \left[\dfrac{a(a+1)\ldots(a+q-1)}{b(b+1)\ldots(b+p+q-1)}\right]^3 [A_p + B_p(a+q)] \\ V_{p,q} = \left[\dfrac{a(a+1)\ldots(a+q-1)}{b(b+1)\ldots(b+p+q-1)}\right]^3 [C_p + D_p(a+q) + E_p(a+q)^2]. \end{cases}$$

L'identité (1), multipliée par $\left[\dfrac{b(b+1)\ldots(b+p+q)}{a(a+1)\ldots(a+q-1)}\right]^3$ devient :

$$[A_p + B_p(a+q)](b+p+q)^3 - A_{p+1} - B_{p+1}(a+q) =$$
$$= [C_p + D_p(a+q) + E_p(a+q)^2](b+p+q)^3 -$$
$$- [C_p + D_p(a+q+1) + E_p(a+q+1)^2](a+q)^3$$

ou, si l'on pose : $b - a + p = x \quad , \quad a + q = y$

$$(A_p + yB_p)(x+y)^3 - A_{p+1} - yB_{p+1} =$$
$$= (C_p + yD_p + y^2E_p)(x^3 + 3x^2y + 3xy^2) - y^3D_p - y^3(1 + 2y)E_p.$$

Cette équation devant être vérifiée quel que soit q, ou y, en égalant à zéro les coefficients des diverses puissances de y, on a les 5 équations :

$$(3) \quad \begin{cases} B_p = (3x - 2)E_p \\ A_p + 3xB_p = (3x - 1)D_p + (3x^2 - 1)E_p \\ 3A_p + 3xB_p = 3C_p + 3xD_p + x^2E_p \\ 3x^2A_p + x^3B_p - B_{p+1} = 3x^2C_p + x^3D_p \\ x^3A_p - A_{p+1} = x^3C_p. \end{cases}$$

Si on résout les trois dernières équations par rapport à C_p, D_p, E_p, on aura :

$$x^4B_p - xB_{p+1} + 3A_{p+1} = x^4D_p$$
$$3xB_{p+1} - 6A_{p+1} = x^5E_p.$$

Remplaçons B_p par sa valeur $(3x - 2)E_p$, et B_{p+1} par $(3x + 1)E_{p+1}$; puisque, lorsqu'on remplace p par $p + 1$, on doit remplacer $x = b - a + p$, par $x + 1$, on a :

$$A_{p+1} = x \frac{3x + 1}{2} E_{p+1} - \frac{x^5}{6} E_p$$

$$D_p = \frac{3x + 1}{2\,x^3} E_{p+1} + \frac{5x - 4}{2} E_p$$

$$A_p = (x - 1) \frac{3x - 2}{2} E_p - \frac{(x - 1)^5}{6} E_{p-1}.$$

En remplaçant A_p, B_p et D_p dans la seconde équation (3), les termes en E_p se réduisent, et l'on a :

$$(4) \qquad E_{p+1} = - \frac{x^3 (x - 1)^5}{3 (3x - 1)(3x + 1)} E_{p-1}.$$

La dernière équation (3) donne :

$$x^3 C_p = - x \frac{3x + 1}{2} E_{p+1} + x^3 \frac{10x^2 - 15x + 6}{6} E_p - x^3 \frac{(x-1)^5}{6} E_{p-1} =$$

$$= (2x - 1) \frac{3x + 1}{2} E_{p+1} + x^3 \frac{10x^2 - 15x + 6}{6} E_p.$$

Enfin posons :

$$(5)\ F_p = C_p + aD_p + a^2 E_p = \frac{(3x + 1)(2x + a - 1)}{2\,x^3} E_{p+1} +$$

$$+ \frac{10x^2 + 15x(a - 1) + 6(a - 1)^2}{6} E_p.$$

Les expressions **(2)** donnent

$$U_{0,q} = \left(\frac{a(a + 1) \dots (a + q - 1)}{b(b + 1) \dots (b + q - 1)} \right)^3 [A_0 + (a + q) B_0]$$

$$V_{p,0} = \frac{F_p}{[b(b + 1) \dots (b + p - 1)]^3}$$

A_0 et B_0 étant donnés, les équations (3) où $p = 0$, $x = b - a$, déterminent E_0, D_0, C_0, A_1 et B_1. On en déduit ensuite E_1, les équations (4) et (5) déterminent successivement E_p et F_p et la série $\Sigma V_{p,0}$ qui peut remplacer $\Sigma U_{0,q}$.

Supposons $B_0 = 0$, $A_0 = 1$, $E_0 = 0$, $E_1 = \dfrac{2(b - a)^3}{9(b - a)^2 - 1}$

$$E_{2p} = 0 , \quad E_{2p+1} = - \frac{(b - a + 2p)^3 (b - a + 2p - 1)^5}{3(3b - 3a + 6p - 1)(3b - 3a + 6p + 1)} E_{2p-1}$$

$$F_{2p} = \frac{(3b - 3a + 6p + 1)(2b - a + 4p - 1)}{2(b - a + 2p)^3} F_{2p+1}$$

$$F_{2p+1} = \frac{5(b + 2p)(2b - a + 4p + 1) + (a - 1)^2}{6} E_{2p+1}.$$

La règle de Gauss (n° **17**) montre que la série

$$\sum_{0}^{\infty} \left(\frac{a\,(a+1)\,\dots\,(a+n-1)}{b\,(b+1)\,\dots\,(b+n-1)} \right)^{3}$$

est convergente si $b - a > \frac{1}{3}$. On peut vérifier que les conditions supposées pour S_p et $U_{p,q}$ sont alors remplies, ce qui permet de remplacer la série précédente par celle dont le terme générale est

$$V_{2p,0} + V_{2p+1,0} = \frac{F_{2p}\,(b+2p)^{3} + F_{2p+1}}{[b\,(b+1)\,\dots\,(b+2p)]^{3}}$$

cette série est plus compliquée, mais ses premiers termes décroissent plus vite que ceux de la série $\Sigma U_{0,n}$.

96. Cas particulier. — Supposons, par exemple, $b = a + 1$, on a la série $a^{3} \displaystyle\sum_{0}^{\infty} \frac{1}{(a+n)^{3}}$. On aura : $E_1 = \frac{1}{4}$

$$E_{2p+1} = - \frac{(2p+1)^{3}\,(2p)^{5}}{12\,(3p+1)\,(3p+2)} E_{2p-1} = - p^{3}\, \frac{[2p\,(2p+1)]^{3}}{3p\,(3p+1)\,(3p+2)} E_{2p-1}$$

$$E_{2p+1} = \frac{(-1)^{p}}{2}\, \frac{(1 . 2 . 3 \dots p)^{5}\,[(p+1)\,(p+2)\,\dots\,(2p+1)]^{2}}{(2p+2)\,(2p+3)\,\dots\,(3p+2)}$$

$$F_{2p} = \frac{(3p+2)\,(4p+a+1)}{(2p+1)^{3}}\, E_{2p+1}$$

$$F_{2p+1} = \frac{5\,(2p+a+1)\,(4p+a+3) + (a-1)^{2}}{6}\, E_{2p+1}.$$

Si $a = 1$, on a

$$\sum_{1}^{\infty} \frac{1}{n^{3}} = \sum_{0}^{\infty} (-1)^{n} \left(\frac{1 . 2 \dots n}{(2n+1)\,(2n+2)} \right)^{2} \frac{5 + 8\,(n+1)\,(7n+3)}{3\,(n+2)\,(n+3)\dots(3n+2)} =$$

$$= \frac{29}{24} - \frac{11}{1\,728} + \frac{59}{648\,000} - \frac{773}{154\,(1680)^{2}} + \dots$$

Le rapport d'un terme au précédent

$$\frac{5 + 8\,(n+1)\,(7n+3)}{5 + 8n\,(7n-4)} \left(\frac{2n-1}{2n+1} \right)^{2} \frac{n^{3}}{(3n+1)\,(3n+2)\,(3n+3)}$$

a pour limite $\frac{1}{27}$. Mais il est plus petit pour les premiers termes ; le quatrième terme est inférieur à $0,000\,002$.

On obtient des séries moins simples, mais plus rapidement convergentes, en prenant pour a un nombre entier supérieur à 1, et en calculant directement les premiers termes $\frac{1}{n^3}$. Soit $a = 13$, on a :

$$F_{2p} = \frac{(3p + 2)\,(4p + 14)}{(2p + 1)^3}\, E_{2p+1}$$

$$F_{2p+1} = \frac{5\,(2p + 14)\,(4p + 16) + 12^2}{6}\, E_{2p+1}$$

$$V_{2p,0} + V_{2p+1,0} =$$

$$= \frac{\left[(3p+2)(4p+14)\left(\frac{2p+14}{2p+1}\right)^3 + \frac{20}{3}(p+7)(p+4) + 24 \right]}{(14.15\ldots(2p+14))^3}\, E_{2p+1}$$

$$\sum_{13}^{\infty} \left(\frac{13}{n}\right)^3 = \sum_{0}^{\infty} (-1)^n 2 \left(\frac{2 . 3 \ldots 13}{(2n + 2)(2n + 3)\ldots(2n + 14)} \right)^3 \times$$

$$\frac{(1 . 2 \ldots n)^2}{(n + 1)(n + 2)\ldots(3n + 2)} \times$$

$$\times \left[6 + \frac{5}{3}(n + 4)(n + 7) + 4(2n + 7)(3n + 2)\left(\frac{n + 7}{2n + 1}\right)^3 \right]$$

$$\sum_{13}^{\infty} \frac{1}{n^3} = \frac{28\,891}{12 . (7 . 13)^3} - \frac{83}{490\,(5 . 13 . 16)^3} + \frac{1\,399}{105\,(13 . 14 . 17 . 90)^3} -$$

$$- \frac{115\,139}{11 . 15^2 . 7^4\,(12 . 13 . 17 . 19 . 20)^3} + \cdots$$

on trouve les valeurs :

$$
\begin{array}{ll}
+ & 0,003\ 194\ 899\ 131\ 380\ 232\ 696\ 498\ 8 \\
- & 150\ 585\ 097\ 489\ 155\ 0 \\
+ & 617\ 077\ 851\ 9 \\
- & 18\ 931\ 4 \\
\hline
 & 0,003\ 194\ 898\ 980\ 795\ 752\ 266\ 264\ 3
\end{array}
$$

Le terme suivant est inférieur à $\frac{1}{10^4}$ du dernier terme calculé, ce ce qui donne 2 unités du 24e ordre décimal, et on peut conserver 23 chiffres décimaux.

$$\sum_{1}^{12} \frac{1}{n^3} = 1 - \frac{95}{8^3} + \frac{9}{10^3} + \frac{271}{9^3} + \frac{1}{7^3} + \frac{1}{11^3} =$$

$$= 1,198\ 862\ 004\ 178\ 798\ 533\ 133\ 460\ 8.$$

En ajoutant, comme le terme négligé est positif, on a :

$$\sum_1^\infty \frac{1}{n^3} = 1,202\,056\,903\,159\,594\,285\,399\,72.$$

Il faudrait calculer 15 termes de la série, où $a = 1$, pour avoir la même approximation ; mais les termes sont un peu plus simples.

97. Deuxième exemple. — Posons encore :

$$U_{p,q} = (-1)^q \left[\frac{a(a+1)\ldots(a+q-1)}{b(b+1)\ldots(b+p+q-1)} \right]^2 [A_p + B_p(a+q)],$$

$$V_{p,q} = (-1)^q \left[\frac{a(a+1)\ldots(a+q-1)}{b(b+1)\ldots(b+p+q-1)} \right]^2 [C_p + D_p(a+q)].$$

L'identité (1) (n° **95**) multipliée par

$$(-1)^q \left[\frac{b(b+1)\ldots(b+p+q)}{a(a+1)\ldots(a+q-1)} \right]^2$$

devient :

$$[A_p + B_p(a+q)](b+p+q)^2 - A_{p+1} - B_{p+1}(a+q)$$
$$= [C_p + D_p(a+q)](b+p+q)^2 + [C_p + D_p(a+q+1)](a+q)^2$$

ou, si l'on pose $b - a + p = x$, $a + q = y$,

$$(A_p + yB_p)(x+y)^2 - A_{p+1} - yB_{p+1}$$
$$= (C_p + yD_p)(x+y)^2 + y^2C_p + y^2(1+y)D_p.$$

Cette équation, devant être vérifiée quel que soit q, ou y, on en déduit les 4 équations :

$$B_p = 2\,D_p,$$
$$A_p + 2\,xB_p = 2\,C_p + (2x+1)D_p,$$
$$2\,xA_p + x^2B_p - B_{p+1} = 2\,xC_p + x^2D_p,$$
$$x^2A_p - A_{p+1} = x^2C_p.$$

On en déduit :

$$2\,A_{p+1} = 2\,xD_{p+1} - x^3D_p,$$
$$D_{p+1} = \frac{x}{4}(1-x)^3\,D_{p-1},$$
$$C_p = \frac{1}{x}\,D_{p+1} + \left(\frac{3x}{2} - 1\right)D_p.$$

Supposons $A_0 = 1$, $B_0 = 0$, on en déduit :

$$D_0 = 0,$$

$$D_1 = \frac{b - a}{2},$$

$$D_{2p} = 0,$$

$$D_{2p+1} = \frac{2p + b - a}{4}(a - b - 2p + 1)^3 D_{2p-1},$$

$$C_{2p} = \frac{1}{2p + b - a} D_{2p+1},$$

$$C_{2p+1} = \left(3p + 3\frac{b - a}{2} + \frac{1}{2}\right) D_{2p+1},$$

$$U_{0,q} = (-1)^q \left(\frac{a(a+1)\ldots(a+q-1)}{b(b+1)\ldots(b+q-1)}\right)^2,$$

$$V_{p,0} = \frac{C_p + aD_p}{[b(b+1)\ldots(b+p-1)]^2}.$$

Posons :

$$C_p + aD_p = E_p,$$

$$E_{2p} = C_{2p},$$

$$E_{2p+1} = \left(3p + \frac{3b - a + 1}{2}\right) D_{2p+1},$$

$$V_{2p,0} + V_{2p+1,0} = \frac{D_{2p+1}}{[b(b+1)\ldots(b+2p)]^2}\left(\frac{(2p+b)^2}{2p+b-a} + 3p + \frac{3b-a+1}{2}\right).$$

98. Application. — Soit à calculer $L\,2$ par la série (n° **93**)

$$\sum_1^\infty \frac{(-1)^{n-1}}{n^2(n+1)^2} = 3 - 4\,L\,2,$$

on prendra $b = a + 2$,

$$D_1 = 1,$$

$$D_{2p+1} = -\frac{p+1}{2}(2p + 1)^3 D_{2p-1},$$

$$D_{2p+1} = \left(\frac{-1}{2}\right)^p 2.3 \ldots (p+1)\,[3.5 \ldots (2p+1)]^3,$$

$$U_{0,q} = (-1)^q \left[\frac{a(a+1)}{(a+q)(a+q+1)}\right]^2,$$

$$V_{2p,0} + V_{2p+1,0} = \frac{D_{2p+1}}{[(a+2)(a+3)\ldots(a+2p+2)]^2} \times$$

$$\left(\frac{(a+2p+2)^2}{2p+2} + 3p + a + \frac{7}{2}\right),$$

la convergence de la série obtenue sera d'autant plus rapide que a, qui doit être un nombre entier, sera plus grand. Prenons $a = 13$. On aura les deux séries :

$$\sum_0^\infty (-1)^q \left(\frac{13.14}{(13+q)(14+q)} \right)^2$$

$$= \sum_0^\infty \left(\frac{-1}{2} \right)^p \frac{2.3\ldots(p+1)\,[3.5\ldots(2p+1)]^3}{[15.16\ldots(2p+14)]^2} \left(\frac{1}{2p+2} + 3\,\frac{2p+11}{2(2p+15)^2} \right).$$

On devra calculer d'abord les 12 premiers termes de la série donnée, qui peuvent se simplifier en les groupant par quatre :

$$\sum_1^{12} \frac{(-1)^{n-1}}{n^2(n+1)^2} = 8 \sum_1^6 \frac{n}{(2n-1)^2(2n)^2(2n+1)^2} = \frac{17}{75} + \frac{19}{28\,350} + \frac{43}{752\,895}$$

$$L_2 = \frac{3}{4} - \frac{1}{4} \sum_1^\infty \frac{(-1)^n}{n^2(n+1)^2} = \frac{52}{75} - \frac{19}{113\,400} - \frac{43}{3\,011\,580}$$

$$- \frac{1}{(2.13.14)^2} \left[\frac{43}{75} - 3\,\frac{367}{(10.16.17)^2} + \frac{155}{27.(16.17.19)^2} - \frac{301}{6.(16.17.19.48)^2} \right.$$

$$\left. + \frac{2\,331}{110.(17.19.23)^2.4^8} - \frac{4\,543}{34.(19.23.25)^2.4^{12}} \right].$$

On trouve les valeurs :

$$
\begin{array}{cr}
+ & 0,693\ 333\ 333\ 333\ 333\ 333\ 333 \\
- & 167\ 548\ 500\ 881\ 834\ 215 \\
- & 014\ 278\ 219\ 406\ 424\ 535 \\
- & 004\ 327\ 174\ 656\ 844\ 987 \\
+ & 001\ 123\ 173\ 229\ 438 \\
- & 001\ 622\ 258\ 867 \\
+ & 006\ 152\ 973 \\
- & 044\ 219 \\
+ & 504 \\
\hline
 & 0,693\ 147\ 180\ 559\ 945\ 309\ 425
\end{array}
$$

Le terme suivant est négatif, et inférieur à $\frac{1}{50}$ du dernier calculé. On a donc :

$$L_2 = 0,693\ 147\ 180\ 559\ 945\ 309\ 42.$$

Pour avoir la même approximation en calculant directement les termes de la série $\Sigma \dfrac{1}{n^2 (n+1)^2}$ il faudrait prendre environ 84 000 termes pour que $\dfrac{1}{4 n^2 (n+1)^2}$ soit plus petit que $\dfrac{1}{2 . 10^{20}}$. En comparant avec les calculs des n^{os} **65** et **93** on peut se rendre compte des avantages des différentes méthodes.

CHAPITRE VI

—

SÉRIES SEMI-CONVERGENTES

99. Définition. — Si on connaît l'expression du reste (ou une limite supérieure) d'une fonction représentée par un développement en série, on peut effectuer les calculs numériques sans qu'il soit nécessaire que la série soit convergente, puisqu'on connaît une limite de l'erreur.

Par exemple, la formule de Taylor donne le développement

$$L(1 + x) = x - \frac{x^2}{2} + \dots + (-1)^n \frac{x^{n-1}}{n-1} + (-1)^{n-1} \frac{x^n}{n(1 + \theta x)^n}$$

$0 < \theta < 1$. Si $x > 0$, $1 + \theta x > 1$, le reste $\dfrac{x^n}{n(1 + \theta x)^n}$ est plus petit que $\dfrac{x^n}{n} \cdot$

Si $x > 1$, en faisant croître n indéfiniment on a la série divergente

$$x - \frac{x^2}{2} + \dots + (-1)^{n-1} \frac{x^n}{n} + \dots$$

qui ne représente pas $L(1 + x)$; cependant si on calcule la somme des n premiers termes, on a une valeur de $L(1 + x)$ avec une erreur inférieure au premier terme négligé, et de même signe.

Si $x - 1$ est petit le rapport $-\dfrac{u_{n+1}}{u_n} = x \dfrac{n}{n+1}$ est inférieur à 1, tant que $n < \dfrac{1}{x-1}$, les termes décroissent d'abord, puis augmentent. La série, quoique divergente, peut être utilisée, si on ne veut pas une trop grande approximation. La méthode serait ici très longue, mais il y a des séries divergentes dont les premiers termes décroissent assez vite pour qu'elles donnent lieu à des calculs plus rapides que bien des séries convergentes.

Legendre a appelé séries semi-convergentes des séries à signes alternés dont les premiers termes décroissent, et qui, quoique divergentes peuvent être utilisées, parce que la somme des n premiers termes représente toujours l'expression à calculer avec une erreur inférieure au premier terme négligé. Ces séries ne peuvent pas donner une approximation illimitée, mais il arrive souvent qu'elles donnent rapidement une approximation supérieure à celle qui est nécessaire.

100. Fonction Γ. — On appelle fonction gamma, ou $\Gamma(x)$, la limite du produit illimité (n° **43**)

$$\Gamma(x) = \frac{1}{x} \prod_{1}^{\infty} \frac{n}{x+n} \left(\frac{n+1}{n}\right)^x$$

ou la limite, pour n infini, de l'expression

$$\frac{1 \cdot 2 \cdot 3 \ldots n}{x(x+1) \ldots (x+n)} (n+1)^x.$$

La formule du binôme montre que

$$\left[\left(\frac{n+1}{n}\right)^x - 1 - \frac{x}{n}\right] n^2$$

a pour limite $\dfrac{x(x-1)}{2}$, lorsque n augmente indéfiniment

$$\left[\frac{n}{x+n} \left(\frac{n+1}{n}\right)^x - 1\right] n^2$$

a la même limite.

Il en résulte que le produit $\Gamma(x)$ est convergent, sauf cependant pour $x = 0$, ou pour les valeurs entières négatives de x, qui annulent un facteur du dénominateur.

Le rapport $\dfrac{\Gamma(x+1)}{\Gamma(x)}$ est la limite de $\dfrac{x}{x+n+1}(n+1)$, ou x. On a donc :

$$\Gamma(x+1) = x\Gamma(x).$$

Pour $x = 1$, tous les facteurs du produit sont égaux à 1,

$$\Gamma(1) = 1 \quad , \quad \Gamma(2) = 1 \quad , \quad \Gamma(3) = 2\,\Gamma(2) = 2.$$

Si x est un nombre entier positif, on a :

$$\Gamma(n) = 1.2 \ldots (n-1).$$

Si on forme le produit $\Gamma(x) \cdot \Gamma(1-x)$ on a :

$$\Gamma(x)\,\Gamma(1-x) = \frac{1}{x(1-x)} \prod_{1}^{\infty} \frac{n}{x+n} \cdot \frac{n+1}{1-x+n}$$

$$= \frac{1}{x} \prod_{1}^{\infty} \frac{n}{x+n} \cdot \frac{n}{n-x} = \frac{1}{x\prod\left(1 - \dfrac{x^2}{n^2}\right)} = \frac{\pi}{\sin \pi x}$$

(n° **59**).

En particulier :

$$\Gamma\left(\frac{1}{2}\right) = \sqrt{\frac{\pi}{\sin \dfrac{\pi}{2}}} = \sqrt{\pi}.$$

101. Développement de $L\Gamma(x)$. — Le logarithme du produit illimité $\Gamma(x)$ donne la série :

$$L\Gamma(x+1) = L\Gamma(x) + Lx = \sum_{1}^{\infty}\left(xL\,\frac{n+1}{n} - L\,\frac{n+x}{n}\right)$$

$$= \sum_{1}^{\infty}\left(\frac{x}{n} - L\,\frac{n+x}{n}\right) - x\sum_{1}^{\infty}\left[\frac{1}{n} - L\left(1 + \frac{1}{n}\right)\right].$$

Le coefficient de $-x$ est la constante d'Euler

$$C = \sum_{1}^{\infty}\left[\frac{1}{n} - L\left(1 + \frac{1}{n}\right)\right].$$

Si $-1 < x < 1$, on peut remplacer chaque terme par son développement :

$$\frac{x}{n} - L\left(1 + \frac{x}{n}\right) = \frac{x^2}{2\,n^2} - \frac{x^3}{3\,n^3} + \frac{x^4}{4\,n^4} - \cdots$$

On a (n° **26**) :

$$\mathrm{L}\Gamma\,(x+1) = -\,\mathrm{C}x + \frac{x^2}{2}\sum_{1}^{\infty}\frac{1}{n^2} - \frac{x^3}{3}\sum\frac{1}{n^3} + \frac{x^4}{4}\sum\frac{1}{n^4} - \cdots$$

On aura une série à convergence plus rapide en se servant des relations (n°ˢ **60** et **65**) :

$$\mathrm{L}\frac{\pi x}{\sin \pi x} = -\sum_{1}^{\infty}\mathrm{L}\left(1-\frac{x^2}{n^2}\right) = x^2\sum_{1}^{\infty}\frac{1}{n^2} + \frac{x^4}{2}\sum\frac{1}{n^4} + \frac{x^6}{3}\sum\frac{1}{n^6} + \cdots$$

$$\frac{1}{2}\mathrm{L}\frac{1+x}{1-x} = x + \frac{x^3}{3} + \frac{x^5}{5} + \cdots$$

On en déduit

$$\mathrm{L}\Gamma\,(x+1) = \frac{1}{2}\,\mathrm{L}\frac{\pi x}{\sin \pi x} - \frac{1}{2}\,\mathrm{L}\frac{1+x}{1-x} + (1-\mathrm{C})x$$

$$-\frac{x^3}{3}\sum_{2}^{\infty}\frac{1}{n^3} - \frac{x^5}{5}\sum_{2}^{\infty}\frac{1}{n^5} - \cdots - \frac{x^{2p-1}}{2p-1}\sum_{2}^{\infty}\frac{1}{n^{2p-1}} + \cdots$$

102. Constante d'Euler. — Pour calculer la constante d'Euler, considérons les deux séries, pour $x = \pm\frac{1}{2}$:

$$\mathrm{L}\Gamma\left(\frac{3}{2}\right) = \mathrm{L}\left[\frac{1}{2}\,\Gamma\left(\frac{1}{2}\right)\right] = -\frac{\mathrm{C}}{2} + \sum_{1}^{\infty}\left(\frac{1}{2n} - \mathrm{L}\frac{2n+1}{2n}\right),$$

$$\mathrm{L}\Gamma\left(\frac{1}{2}\right) = \frac{\mathrm{C}}{2} - \sum_{1}^{\infty}\left(\frac{1}{2n} + \mathrm{L}\frac{2n-1}{2n}\right),$$

en retranchant, on a :

$$\mathrm{C} = \mathrm{L}\,2 + \sum_{1}^{\infty}\left(\frac{1}{n} - \mathrm{L}\frac{2n+1}{2n-1}\right)$$

$$= \mathrm{L}\,2 + \left[1 + \frac{1}{2} + \frac{1}{3} + \cdots + \frac{1}{p} - \mathrm{L}\,(2p+1)\right]$$

$$-\,2\sum_{p+1}^{\infty}\left(\frac{1}{3(2n)^3} + \frac{1}{5(2n)^5} + \frac{1}{7(2n)^7} + \cdots\right),$$

on choisira le nombre p d'après l'approximation que l'on veut obtenir. Soit, par exemple, $p = 12$.

$$\mathrm{C} = 1 + \frac{1}{2} + \cdots + \frac{1}{12} - \mathrm{L}\frac{25}{2} - 2\sum_{13}^{\infty}\left(\frac{1}{3(2n)^3} + \frac{1}{5(2n)^5} + \cdots\right)$$

on a (n° **65**)

$$L \frac{25}{2} = 2\,L\,5 - L\,2 = \frac{11}{3}\,L\,2 - 4\left(\frac{1}{253} + \frac{3}{253^3} + \frac{3^4}{5.253^5} + \dots\right),$$

en remplaçant L 2 par sa valeur (n° **98**) et en calculant **3** termes de la série, on a

$$L \frac{25}{2} = 2{,}525\,728\,644\,328,$$

$$1 + \frac{1}{2} + \dots + \frac{1}{12} = 2 + \frac{1}{8} + \frac{3}{10} + \frac{1}{7} + \frac{4}{9} + \frac{1}{11} = 3{,}103\,210\,678\,210$$

on a (n°ˢ **96** et **89**) :

$$\frac{1}{12} \sum_{13}^{\infty} \frac{1}{n^3} = 0{,}000\,266\,241\,582,$$

$$\frac{1}{80} \sum_{13}^{\infty} \frac{1}{n^5} = 0{,}000\,000\,127\,322.$$

Pour la série $\Sigma\,\frac{1}{n^7}$ le reste est égal à $\frac{1}{6\,(n+1)^6}$ avec **une erreur** inférieure au terme $\frac{1}{n^7}$ (n° **67**), on a la valeur

$$\frac{1}{7.2^6}\left(\frac{1}{13^7} + \frac{1}{14^7} + \frac{1}{6.15^6}\right) = \frac{89}{10^{12}}$$

avec une erreur inférieure à $\frac{2}{7.28^7} = \frac{21}{10^{12}}.$

La somme $\frac{2}{9} \sum_{13}^{\infty} \frac{1}{(2\,n)^9}$ est inférieure à $\frac{1}{8^9.3^{10}} = \frac{13}{10^{14}}.$

En ajoutant les termes ainsi calculés avec 12 chiffres décimaux, on trouve

$$C = 0{,}577\,215\,664\,9.$$

103. Fonction de Binet. — Soit :

$$\varphi(x) = x^{\frac{1}{2} - x}\,\frac{e^x}{\sqrt{2\pi}}\,\Gamma(x).$$

Remplaçons x par $x + p$, où p est un nombre entier arbitraire.

$$\varphi(x+p)= \frac{e^{x+p}}{\sqrt{2\pi}} (x+p)^{\frac{1}{2}-x-p} . x(x+1)\ldots(x+p-1)\frac{1}{x} \prod_{1}^{\infty} \frac{n}{x+n}\left(\frac{n+1}{n}\right)^{x}$$

$$= \frac{e^{x+p}}{\sqrt{2\pi}} (x+p)^{\frac{1}{2}-x-p} 1.2\ldots(p-1)p^{x} \prod_{p}^{\infty} \frac{n}{x+n}\left(\frac{n+1}{n}\right)^{x}.$$

Le produit $\displaystyle\prod_{1}^{\infty}$ étant convergent (n° **100**), si p augmente indé-

finiment, $\displaystyle\prod_{p}^{\infty}$ tend vers 1, et $\varphi(x+p)$ a la même limite que

$$e^{x+p} \frac{1.2\ldots(p-1)}{\sqrt{2\pi}(x+p)^{p-\frac{1}{2}}} \left(\frac{p}{x+p}\right)^{x}.$$

Mais $\dfrac{p}{x+p}$ tend vers 1, $\left(\dfrac{x+p}{p}\right)^{p}$ a pour limite e^{x}.

Si, x restant fixe, p augmente indéfiniment, $\varphi(x+p)$ a la même limite que

$$X_{p} = \frac{1.2\ldots(p-1)}{\sqrt{2\pi}.p^{p-\frac{1}{2}}} e^{p}.$$

Cette limite est bien déterminée, car elle représente la valeur du produit illimité

$$X = \frac{e}{\sqrt{2\pi}} \prod_{1}^{\infty} e\left(\frac{n}{n+1}\right)^{n+\frac{1}{2}}$$

ce produit est convergent, car le logarithme du terme général est

$$1 - \left(n+\frac{1}{2}\right) L\left(1+\frac{1}{n}\right) = -\frac{1}{12n^{2}} + \frac{1}{12n^{3}} - \frac{3}{40n^{4}}\ldots$$

terme général d'une série convergente.

$$X_{2p} = \frac{1.2\ldots(2p-1)}{\sqrt{2\pi}(2p)^{2p-\frac{1}{2}}} e^{2p}$$

a la même limite. X est aussi la limite de

$$\frac{(\mathrm{X}_p)^2}{\mathrm{X}_{2p}} = \frac{\left(1 \cdot 2 \ldots (p-1)\right)^2}{1 \cdot 2 \ldots (2p-1)} \, 2^{2p-1} \sqrt{\frac{p}{\pi}} = \frac{2 \cdot 4 \ldots (2p-2)}{1 \cdot 3 \ldots (2p-1)} \, 2 \sqrt{\frac{p}{\pi}}.$$

Il résulte de la formule de Wallis (n°ˢ **100** et **59**) que la limite $\mathrm{X} = 1$. $\varphi(x)$ tend vers 1 lorsque x augmente indéfiniment d'une façon arbitraire.

104. Développement de $\mathbf{L}\varphi(x)$. — De la définition de la fonction de Binet on déduit :

$$\frac{\varphi(x+1)}{\varphi(x)} = ex \, \frac{(x+1)^{-\frac{1}{2}-x}}{x^{\frac{1}{2}-x}} = e \left(\frac{x}{x+1}\right)^{x+\frac{1}{2}}$$

$$\mathrm{L}\varphi(x+1) - \mathrm{L}\varphi(x) = 1 - \left(x + \frac{1}{2}\right) \mathrm{L}\,\frac{x+1}{x}$$

$$\mathrm{L}\varphi(x+n-1) - \mathrm{L}\varphi(x+n) = -1 + \left(x + n - \frac{1}{2}\right) \mathrm{L}\,\frac{x+n}{x+n-1}$$

si on ajoute les relations où $n = 1, 2, \ldots$; comme $\mathrm{L}\varphi(x+n)$ tend vers zéro, pour $n = \infty$, on a la série

$$\mathrm{L}\varphi(x) = \sum_1^\infty \left(-1 + \frac{2x+2n-1}{2} \mathrm{L}\,\frac{(2x+2n-1)+1}{(2x+2n-1)-1}\right)$$

$$= \sum_1^\infty \frac{1}{3(2x+2n-1)^2} + \frac{1}{5(2x+2n-1)^4} + \cdots$$

$$+ \frac{1}{(2p+1)(2x+2n-1)^{2p}} + \cdots = \sum_{p=1}^\infty \sum_{n=1}^\infty \frac{1}{(2p+1)(2x+2n-1)^{2p}}$$

Lorsque $x > 0$ cette série double est convergente et représente $\mathrm{L}\varphi(x)$.

105. Application à $\mathbf{L}\,\Gamma(x)$. — La relation générale qui détermine les nombres de Bernouilli (n° **60**) peut s'écrire :

$$\frac{1}{2p+1} = \frac{1}{1 \cdot 2} 4\mathrm{B}_1 - \frac{(2p-1)(2p-2)}{1 \cdot 2 \cdot 3 \cdot 4} 4^2\mathrm{B}_2$$

$$+ \frac{(2p-1)(2p-2)(2p-3)(2p-4)}{1 \cdot 2 \cdot 3 \cdot 4 \cdot 5 \cdot 6} 4^3\mathrm{B}_3 - \cdots$$

$$+ (-1)^{p-1} \frac{(2p-1)(2p-2) \ldots 2}{1 \cdot 2 \ldots 2p} 4^p\mathrm{B}_p.$$

Dans cette formule les valeurs absolues des termes vont en augmentant, jusqu'à l'avant-dernier terme. En effet le rapport d'un terme au précédent est

$$\frac{u_n}{u_{n-1}} = 4 \frac{B_n}{B_{n-1}} \cdot \frac{(2p - 2n + 2)(2p - 2n + 3)}{2n(2n-1)}$$

$$= \frac{S_{2n}}{S_{2n-2}} \frac{(2p - 2n + 2)(2p - 2n + 3)}{\pi^2}$$

où

$$S_{2n} = \sum_{m=1}^{\infty} \frac{1}{m^{2n}} = \frac{2^{2n-1} \pi^{2n}}{1 \cdot 2 \ldots 2n} B_n.$$

Mais

$$S_{2n} > 1 \quad , \quad S_{2n-2} \leqslant S_2 = \frac{\pi^2}{6}.$$

Si

$$n \leqslant p - 1 \quad , \quad \frac{u_n}{u_{n-1}} > \frac{6}{\pi^2} \frac{20}{\pi^2} = \frac{120}{\pi^4} > 1 \quad (\text{n}^\circ \, \textbf{81}).$$

De même, si $p \geqslant 2$, $\dfrac{1}{2p+1} \leqslant \dfrac{1}{5} < 2B_1 = \dfrac{1}{3} \cdot$

Si $u_0 = \dfrac{1}{2p+1}$, $u_1, u_2 \ldots u_p$ représentant les valeurs absolues des divers termes, on a :

$$u_0 < u_1 < u_2 \ldots < u_{p-1}$$
$$u_0 - u_1 + u_2 \ldots - u_{2n-1} < 0 \quad , \quad 2n - 1 < p$$
$$u_0 - u_1 + u_2 \ldots + u_{2n} > 0 \quad , \quad 2n < p.$$

Si $n < p$, $u_0 - u_1 + u_2 \ldots + (-1)^{n-1} u_{n-1}$ est compris entre 0 et $(-1)^{n-1} u_n$. On a donc :

$$\frac{1}{2p+1} = \frac{1}{1 \cdot 2} 4 B_1 - \frac{(2p-1)(2p-2)}{1 \cdot 2 \cdot 3 \cdot 4} 4^2 B_2 + \ldots$$

$$+ (-1)^{n-1} \frac{(2p-1)(2p-2)\ldots(2p-2n+2)}{1 \cdot 2 \ldots 2n} 4^n \theta_n B_n$$

où $0 < \theta < 1$ si $p > n$. Si $p = n$, $\theta_n = 1$. Si $p < n$ les derniers termes disparaissent, et on retrouve la formule générale.

Dans la série double qui représente $L \varphi(x)$ remplaçons $\dfrac{1}{2p+1}$

par cette valeur, on aura

$$L \varphi (x) = a_1 \frac{B_1}{1 \cdot 2} - a_2 \frac{B_2}{3 \cdot 4} + a_3 \frac{B_3}{5 \cdot 6} - \ldots + (-1)^n a_{n-1} \frac{B_{n-1}}{(2n-3)(2n-2)}$$

$$+ (-1)^{n-1} a_n \frac{B_n}{(2n-1) 2n} \theta$$

où $0 < \theta < 1$

$$a_1 = \sum_{n=1}^{\infty} \sum_{p=1}^{\infty} \frac{4}{(2x + 2n - 1)^{2p}} = \sum_{1}^{\infty} \frac{4}{(2x + 2n - 1)^2 - 1}$$

$$= \sum_{1}^{\infty} \left(\frac{1}{x + n - 1} - \frac{1}{x + n} \right) = \frac{1}{x}$$

$$a_q = \sum_{n=1}^{\infty} \sum_{p=q}^{\infty} \frac{(2p-1)(2p-2)(2p-2q+2)}{1 \cdot 2 \ldots (2q-2)} \frac{4^q}{(2x + 2n - 1)^{2p}}$$

si $p < q$, on aurait des termes nuls.

$$a_q = \sum_{1}^{\infty} \frac{4^q}{(2x+2n-1)^{2q-1}} \sum_{p=q}^{\infty} \frac{(2q-1)(2q)..(2p-1)}{1.2...(2p-2q+1)} \left(\frac{1}{2x+2n-1} \right)^{2p-2q+1}$$

$$= \sum_{1}^{\infty} \frac{2^{2q-1}}{(2x+2n-1)^{2q-1}} \left[\left(1 - \frac{1}{2x+2n-1} \right)^{1-2q} - \left(1 + \frac{1}{2x+2n-1} \right)^{1-2q} \right]$$

$$= \sum_{1}^{\infty} \left[(x+n-1)^{1-2q} - (x+n)^{1-2q} \right] = \frac{1}{x^{2q-1}}$$

$$L \varphi (x) = \frac{B_1}{1 \cdot 2 \cdot x} - \frac{B_2}{3 \cdot 4 \cdot x^3} + \frac{B_3}{5 \cdot 6 \cdot x^5} \cdots$$

$$+ \frac{(-1)^n B_{n-1}}{(2n-3)(2n-2) x^{2n-3}} + \frac{(-1)^{n-1} B_n \theta}{(2n-1) 2n x^{2n-1}}$$

Si n augmente indéfiniment, la série obtenue est divergente, quelque soit x, car le rapport d'un terme au précédent :

$$- \frac{u_{n+1}}{u_n} = \frac{B_{n+1}}{B_n} \frac{(2n-1) 2n}{(2n+1)(2n+2)} \frac{1}{x^2} = \frac{S_{2n+2}}{S_{2n}} \cdot \frac{n(2n-1)}{2 \pi^2 x^2}$$

augmente indéfiniment avec n. Mais, si on prend n termes, on a une valeur de $L \varphi (x)$ avec une erreur inférieure au terme suivant, et de même signe :

$$L\,\Gamma(x) = L\left(\varphi(x)\,x^{x-\frac{1}{2}}\,e^{-x}\sqrt{2\,\pi}\right)$$

$$L\,\Gamma(x) = \frac{1}{2}\,L\,2\,\pi + \left(x - \frac{1}{2}\right)L\,x - x + \frac{B_1}{1\,.\,2}\frac{1}{x} - \frac{B_2}{3\,.\,4}\frac{1}{x^3} + \cdots$$

$$+ (-1)^{n-1}\frac{B_n}{(2\,n-1)2n}\frac{1}{x^{2n-1}} + \cdots$$

Cette série divergente ne représente pas $L\,\Gamma(x)$; mais c'est une série semi-convergente, qui permet de calculer sa valeur, avec une erreur inférieure au premier terme négligé.

106. Comparaison des termes. — On a :

$$4^n(S_{2n} - 1) = 1 + \left(\frac{2}{3}\right)^{2n} + \left(\frac{2}{4}\right)^{2n} + \cdots \leqslant 4(S_2 - 1) = 4\left(\frac{\pi^2}{6} - 1\right) < \frac{8}{3}$$

$$1 > \frac{S_{2n+2}}{S_{2n}} > \frac{1}{1 + \dfrac{8}{3\,.\,4^n}} > 1 - \frac{8}{3\,.\,4^n}$$

En posant

$$u_n = \frac{B_n}{(2\,n-1)2\,n\,x^{2n-1}} = \frac{1\,.\,2\cdots(2\,n-2)}{(2\,x)^{2n-1}\,\pi^{2n}}\,S_{2n}$$

on a :

$$\frac{u_{n+1}}{u_n} = \frac{2\,n(2\,n-1)}{(2\,\pi\,x)^2}\frac{S_{2n+2}}{S_{2n}} < \left(\frac{n}{\pi x}\right)^2$$

si $n \leqslant \pi x$, $u_{n+1} < u_n$

$$\frac{u_{n+1}}{u_n} > \frac{2\,n(2\,n-1)}{(2\,\pi x)^2}\left(1 + \frac{8}{3\,.\,4^n}\right)^{-1} \geqslant \frac{2\,n(2\,n-1)}{(2\,\pi x)^2}\left(1 + \frac{2}{3n}\right)^{-1}$$

car $\dfrac{4^n}{n}$ augmente avec n, et reste supérieur à 4.

Si $n \geqslant \pi x + 1$, $\dfrac{u_{n+1}}{u_n} > \left(1 + \frac{3}{2\,\pi x}\right)\left(1 + \frac{2}{3\,\pi x}\right)^{-1} > 1.$

Dans la série de Stirling les termes diminuent et ensuite augmentent, le plus petit terme correspond à la valeur n comprise entre πx et $\pi x + 1$. Si x a une valeur un peu grande, on obtient ainsi une très grande approximation. On peut représenter $\Gamma(x)$ par la valeur approchée

$$\Gamma(x) = \left(\frac{x}{e}\right)^x \sqrt{\frac{2\pi}{x}} \; e^{\frac{1}{12x} - \frac{1}{360x^3} + \cdots + (-1)^{n-1} \frac{B_n}{(2n-1)2n\,x^{2n-1}}}$$

où $n < \pi x + 1$, mais on obtient souvent ainsi une approximation beaucoup trop grande, et il suffit de conserver un petit nombre de termes. Dans les applications du calcul des probabilités, où x est en général très grand, on utilise la formule de Stirling

$$\Gamma(x) = \left(\frac{x}{e}\right)^x \sqrt{\frac{2\pi}{x}}$$

l'erreur relative est de l'ordre de $e^{\frac{1}{12x}} - 1$, ou de $\frac{1}{12x}$. Si l'on veut une plus grande approximation on prendra

$$\Gamma(x) = \left(\frac{x}{e}\right)^x \sqrt{\frac{2\pi}{x}} \; e^{\frac{1}{12x}}$$

l'erreur relative est alors de l'ordre de $\frac{1}{360x^3}$.

107. Exemple. — Soit à calculer la valeur du produit $\Gamma(101)$ $= 1 \cdot 2 \cdot 3 \ldots 100$ avec une table de logarithmes à 5 décimales qui peut donner une erreur relative $\frac{1}{10^4}$. On a :

$$\mathrm{L}\,\Gamma(100) = \frac{1}{2}\,\mathrm{L}\,2\pi + 99,5\,\mathrm{L}\,100 - 100 + \frac{1}{1200} - \frac{1}{360 \cdot 100^3}$$

les logarithmes de base 10 sont égaux aux logarithmes népériens multipliés par $\log e = 0,43429448$

$\log \Gamma(101) = \log\big(100\,\Gamma(100)\big) =$

$\log 2 + \frac{1}{2}\log 2\pi + 99,5\log 100 - 0,43429448\left(100 - \frac{1}{1200}\right).$

Les tables de logarithmes donnent

$$\frac{3}{2}\log 2 = 0,45154$$

$$\frac{1}{2}\log \pi = 0,24858$$

$$+\ 199$$
$$-\ 43,42945$$
$$+\ 0,00036$$
$$\overline{156,27103}$$
$$\Gamma(101) = 18665.10^{152}.$$

Le calcul du produit $1 . 2 \ldots 100$, par logarithmes, serait beaucoup plus long.

Dans la série de Stirling, qui donne $L\,\Gamma(100)$, le plus petit terme correspond à $n = 315$, il est égal à

$$\frac{B_n}{(2n-1)2n\,x^{2n-1}} = \frac{S_{2n}\,\Gamma(2n)}{(2n-1)\pi(2\pi x)^{2n-1}}$$

en remplaçant $\Gamma(2n)$ par la formule de Stirling, on trouve la valeur approchée $\dfrac{1}{e^{2n}\sqrt{n\pi}} = \dfrac{1}{e^{630}\sqrt{990}} = \dfrac{0.79}{10^{274}}$, ce qui permettrait de calculer le logarithme de $\Gamma(101)$ avec 274 chiffres décimaux, au moyen de la série de Stirling.

En général la série de Stirling où n est le nombre entier immédiatement supérieur à πx permet de calculer $L\,\Gamma(x)$ avec une approximation $\dfrac{1}{e^{2n}\sqrt{n\pi}}$ ou $\dfrac{1}{\pi e^{2\pi x}\sqrt{x}}$ qui est égal a peu près à

$$\frac{1}{\pi\sqrt{x} . 10^{2,7x}}.$$

108. Formule d'Euler. — Soit $f(x)$ une fonction continue ainsi que ses dérivées successives entre x et $x + h = a$. La fonction

$$f(a) - f(x) - (a-x)f'(x) - \ldots - \frac{(a-x)^n}{1.2\ldots n}f^{(n)}(x)$$

a pour dérivée $-\dfrac{(a-x)^n}{1.2\ldots n}f^{(n+1)}(x)$, cette fonction est égale à

$$\int_a^x \frac{-(a-z)^n}{1.2\ldots n}f^{(n+1)}(z)\,dz,$$

ce qui conduit à la formule de Taylor :

$$f(x+h) = f(x) + hf'(x) + \ldots + \frac{h^n}{1.2\ldots n}f^{(n)}(x) + \int_0^h \frac{(h-z)^n}{1.2\ldots n}f^{(n+1)}(x+z)\,dz$$

Posons

$$f(x+h) - f(x) = \Delta f(x) \quad, \quad f^{(n)}(x+h) - f^{(n)}(x) = \Delta f^{(n)}(x).$$

On aura :

$$\Delta f(x) = hf'(x) + \frac{h^2}{1.2}f''(x) + \ldots$$

$$+ \frac{h^{2n}}{1.2\ldots 2n}f^{(2n)}(x) + \int_0^h \frac{(h-z)^{2n}}{1.2\ldots 2n}f^{(2n+1)}(x+z)\,dz$$

$$h\Delta f'(x) = h^2 f''(x) + \dots$$

$$+ \frac{h^{2n}}{1.2 \dots (2n-1)} f^{(2n)}(x) + \int_0^h \frac{(h-z)^{2n-1}\,h}{1.2 \dots (2n-1)} f^{(2n+1)}(x+z)\,dz$$

$$\cdot \quad \cdot \quad \cdot \quad \cdot \quad \cdot \quad \cdot \quad \cdot \quad \cdot \quad \cdot \quad \cdot \quad \cdot \quad \cdot$$

$$h^p \Delta f^{(p)}(x) = h^{p+1} f^{(p+1)}(x) + \dots$$

$$+ \frac{h^{2n}}{1.2 \dots (2n-p)} f^{(2n)}(x) + \int_0^h \frac{(h-z)^{2n-p}\,h^p}{1.2 \dots (2n-p)} f^{(2n+1)}(x+z)\,dz$$

$$\cdot \quad \cdot \quad \cdot \quad \cdot \quad \cdot \quad \cdot \quad \cdot \quad \cdot \quad \cdot \quad \cdot \quad \cdot \quad \cdot$$

$$h^{2n-1}\Delta f^{(2n-1)}(x) = \frac{h^{2n}}{1} f^{(2n)}(x) + \int_0^h \frac{(h-z)\,h^{2n-1}}{1} f^{(2n+1)}(x+z)\,dz.$$

Entre ces $2n$ équations on peut éliminer les $2n-1$ dérivées f'', f''', ..., $f^{(2n)}$, en ajoutant les équations multipliées par 1, A_1, A_2, A_3, ..., A_{2n-1}, tels que

$$\frac{1}{1.2} + A_1 = 0$$

$$\frac{1}{1.2.3} + \frac{A_1}{1.2} + A_2 = 0$$

$$\cdot \quad \cdot \quad \cdot \quad \cdot \quad \cdot \quad \cdot \quad \cdot$$

$$\frac{1}{1.2 \dots 2n} + \frac{A_1}{1.2 \dots (2n-1)} + \frac{A_2}{1.2 \dots (2n-2)} + \dots + \frac{A_{2n-2}}{1.2} + A_{2n-1} = 0.$$

On pourrait calculer successivement $A_1 = -\frac{1}{2}$, A_2, ..., A_n, quel que soit n. Il résulte de ces équations que l'on a l'identité :

$$x = (1 + A_1 x + A_2 x^2 + \dots + A_n x^n + \dots)\left(x + \frac{x^2}{1.2} + \frac{x^3}{1.2.3} + \dots + \frac{x^n}{1.2 \dots n} + \dots\right)$$

$$1 - \frac{x}{2} + A_2 x^2 + A_3 x^3 + \dots = \frac{x}{e^x - 1}$$

$$1 + A_2 x^2 + A_3 x^3 + \dots = \frac{x}{2}\frac{e^x + 1}{e^x - 1}.$$

Le développement de $\frac{x}{2}\,\mathrm{cotg}\,\frac{x}{2}$ donne (n^{os} **52** et **60**) :

$$\frac{x}{2}\,\mathrm{cotg}\,\frac{x}{2} = \frac{xi}{2}\frac{e^{\frac{xi}{2}} + e^{-\frac{xi}{2}}}{e^{\frac{xi}{2}} - e^{-\frac{xi}{2}}} = 1 - \frac{B_1}{1.2} x^2 - \frac{B_2}{1.2.3.4} x^4 - \dots$$

$$\frac{x}{2}\frac{e^x + 1}{e^x - 1} = 1 + \frac{B_1}{1.2} x^2 - \frac{B_2}{1.2.3.4} x^4 + \dots + (-1)^{n-1}\frac{B_n}{1.2 \dots 2n} x^{2n} + \dots$$

On en déduit :

$$A_{2n} = (-1)^{n-1} \frac{B_n}{1.2\ldots 2n} \quad , \quad A_{2n+1} = 0 \quad , \quad n > 0.$$

D'où la formule d'Euler :

$$hf'(x) = \Delta f(x) - \frac{h}{2}\Delta f'(x) + \frac{B_1}{1.2}h^2\Delta f''(x) - \frac{B_2}{1.2.3.4}h^4\Delta f^{(4)}(x) + \ldots$$

$$+ (-1)^n \frac{B_{n-1}}{1.2\ldots(2n-2)} h^{2n-2}\Delta f^{(2n-2)}(x) + R_n.$$

$$R_n = \int_0^h f^{(2n+1)}(x+z)\left[\frac{-(h-z)^{2n}}{1.2\ldots 2n} + \frac{h}{1.2}\cdot\frac{(h-z)^{2n-1}}{1.2\ldots(2n-1)}\right.$$

$$- \frac{B_1}{1.2}\cdot\frac{h^2(h-z)^{2n-2}}{1.2\ldots(2n-2)} + \frac{B_2}{1.2.3.4}\cdot\frac{h^4(h-z)^{2n-4}}{1.2\ldots(2n-4)} + \ldots$$

$$\left.+ (-1)^{n-1}\frac{B_{n-1}}{1.2\ldots(2n-2)}\frac{h^{2n-2}(h-z)^2}{1.2}\right]dz.$$

109. Etude du reste. — Posons :

$$\varphi_n(z) = \frac{-(h-z)^n}{1.2\ldots n} - A_1\frac{h(h-z)^{n-1}}{1.2\ldots(n-1)} - A_2\frac{h^2(h-z)^{n-2}}{1.2\ldots(n-2)} + \ldots$$

$$- A_{n-1}\frac{h^{n-1}(h-z)}{1} \quad , \quad n > 1,$$

en ordonnant par rapport aux puissances de z, on a :

$$\varphi_n(z) = \frac{-(-z)^n}{1.2\ldots n} - \frac{h(-z)^{n-1}}{1.2\ldots(n-1)}(1 + A_1)$$

$$- \frac{h^2(-z)^{n-2}}{1.2\ldots(n-2)}\left(\frac{1}{1.2} + \frac{A_1}{1} + A_2\right) + \ldots$$

$$- h^n\left(\frac{1}{1.2\ldots n} + \frac{A_1}{1.2\ldots(n-1)} + \ldots + \frac{A_{n-1}}{1}\right)$$

et, en tenant compte des relations qui déterminent les A_n, et de $A_{2n+1} = 0$ si $n > 0$

$$\varphi_n(z) = (-1)^{n-1}\left[\frac{z^n}{1.2\ldots n} + A_1\frac{hz^{n-1}}{1.2\ldots(n-1)} + \frac{A_2 h^2 z^{n-2}}{1.2\ldots(n-2)}\right.$$

$$\left.+ \frac{A_4 h^4 z^{n-4}}{1.2\ldots(n-4)} + \ldots\right] = (-1)^n \varphi_n(h-z)$$

le dernier terme qui reste est $A_{n-1}h^{n-1}z$, ou $A_{n-2}h^{n-2}\dfrac{z^2}{2}$ suivant que n est impair, ou pair.

$$\varphi'_{2n}(z) = -\varphi_{2n-1}(z) \quad , \quad \varphi'_{2n+1}(z) = -\varphi_{2n}(z) + A_{2n}h^{2n},$$

$$\varphi_n(0) = \varphi_n(h) = 0,$$

$$\varphi_{2n-1}(z) = -\varphi_{2n-1}(h - z) \quad , \quad \varphi_{2n-1}\left(\frac{h}{2}\right) = 0,$$

$$\varphi''_{2n+1}(z) = -\varphi'_{2n}(z) = \varphi_{2n-1}(z),$$

$$\varphi_3(z) = \frac{z^3}{6} - \frac{hz^2}{4} + \frac{h^2z}{12} = \frac{(z - h)z}{12}(2z - h).$$

$\varphi''_3(z) = \varphi_3(z)$ reste positif entre $z = 0$ et $\dfrac{h}{2}$, il en résulte que $\varphi_3(z)$ ne peut pas s'annuler entre 0 et $\dfrac{h}{2}$, car autrement sa dérivée s'annulerait 2 fois et sa dérivée seconde au moins une fois. Comme $\varphi'_3(0) = A_4 h^4 = \dfrac{-B_2 h^4}{2.3.4}$, $\varphi_3(z)$ reste négatif entre 0 et $\dfrac{h}{2}$. On voit successivement, de même, que $(-1)^n \varphi'_{2n+1}(z)$ reste négatif de $z = 0$ à $\dfrac{h}{2}$, et positif de $z = \dfrac{h}{2}$ à h.

$(-1)^{n-1}\varphi_{2n}(z)$ reste positif entre $z = 0$ et h, et a son maximum pour $z = \dfrac{h}{2}$, car sa dérivée $(-1)^n \varphi_{2n-1}(z)$ s'annule une seule fois dans cet intervalle.

$$\varphi_{2n}\left(\frac{h}{2}\right) = h^{2n}\left[\frac{2n-1}{1.2\ldots 2n}\cdot\frac{1}{4^n} - \frac{B_1}{1.2.1.2\ldots(2n-2)}\frac{1}{4^{n-1}}\right.$$

$$\left. + \frac{B_2}{1.2.3.4.1.2\ldots(2n-4)}\frac{1}{4^{n-2}} + \ldots + (-1)^{n-1}\frac{B_{n-1}}{1.2\ldots(2n-2).1.2}\cdot\frac{1}{4}\right].$$

Mais, si on forme le produit des deux séries

$$2\,\frac{e^{\frac{x}{2}} - 1}{x} = 1 + \frac{\frac{x}{2}}{1.2} + \ldots + \frac{\left(\frac{x}{2}\right)^n}{1.2\ldots(n+1)} + \ldots$$

$$\frac{x}{e^x - 1} = \frac{x}{2}\frac{e^x + 1}{e^x - 1} - \frac{x}{2} = 1 - \frac{x}{2} + \frac{B_1}{1.2}x^2 - \frac{B_2}{1.2.3.4}x^4 + \ldots$$

$$- (-1)^n\frac{B_n}{1.2\ldots 2n}x^{2n} - \ldots$$

le coefficient de x^{2n-1} est égal à

$$- \frac{2}{h^{2n}} \varphi_{2n} \left(\frac{h}{2} \right).$$

D'autre part, ce produit est égal à

$$\frac{2}{e^{\frac{x}{2}} - 1} - \frac{4}{e^x - 1} = \frac{e^{\frac{x}{2}} + 1}{e^{\frac{x}{2}} - 1} - 2 \frac{e^x + 1}{e^x - 1} + 1$$

$$= 1 - 4 \sum_{1}^{\infty} (-1)^n \frac{B_n}{1.2 \ldots 2n} \left(\frac{1}{4^n} - 1 \right) x^{2n-1}$$

et

$$\varphi_{2n} \left(\frac{h}{2} \right) = (-1)^{n-1} h^{2n} \frac{B_n}{1.2 \ldots 2n} 2 \left(1 - \frac{1}{4^n} \right).$$

Si $0 < x < h$, $0 < (-1)^{n-1} \varphi_{2n}(x) < 2 \frac{B_n}{1.2 \ldots 2n} h^{2n}$, si $f^{(2n+1)}(z)$ conserve le même signe entre $z = x$ et $x + h$, on aura :

$$R_n = \varphi_{2n}(\theta h) \int_0^h f^{(2n+1)}(x + z)\, dz$$

$$= (-1)^{n-1} h^{2n} \frac{B_n}{1.2 \ldots 2n} 2 \left(1 - \frac{1}{4^n} \right) \theta' \Delta f^{(2n)}(x)$$

$$0 < \theta' < 1.$$

Si n augmente indéfiniment la formule d'Euler devient une série dans laquelle le reste est inférieur au double du premier terme négligé. Cette série est, en général, divergente, mais peut cependant être utilisée pour les calculs numériques.

110. Exemple. — Soit

$$f'(x) = L\Gamma(x) \qquad , \qquad h = 1,$$

$$\Delta f(x) = f(x + 1) - f(x) = \int_x^{x+1} L\Gamma(x)\, dx$$

$$= \int_0^1 L\Gamma(x)\, dx + \int_1^{x+1} L\Gamma(x)\, dx - \int_0^x L\Gamma(x)\, dx$$

$$= \int_0^1 L\Gamma(x)\, dx + \int_0^x L\Gamma(x + 1)\, dx - \int_0^x L\Gamma(x)\, dx$$

$$= \int_0^1 L\Gamma(x)\, dx + \int_0^x Lx\, dx.$$

Mais, de la relation (n° **100**) $\Gamma(x)\,\Gamma(1-x) = \dfrac{\pi}{\sin \pi x}$, on déduit :

$$\int_0^1 L\Gamma(x)\,dx = \int_0^{\frac{1}{2}} L\Gamma(x)\,dx - \int_0^{\frac{1}{2}} L\Gamma(1-x)\,dx = \int_0^{\frac{1}{2}} L\,\frac{\pi}{\sin \pi x}\,dx$$

$$= \frac{1}{2}\,L\pi - \int_0^{\frac{\pi}{2}} L\,\sin x \cdot \frac{dx}{\pi},$$

$$\int_0^{\frac{\pi}{2}} L\,\sin x\,dx = \int_0^{\frac{\pi}{2}} L\,\cos x\,dx = \frac{1}{2}\int_0^{\frac{\pi}{2}} L\,\frac{\sin 2x}{2}\,dx = \frac{1}{4}\int_0^{\pi} L\,\frac{\sin x}{2}\,dx$$

$$= -\frac{\pi}{4}\,L2 + \frac{1}{2}\int_0^{\frac{\pi}{2}} L\,\sin x\,dx = -\frac{\pi}{2}\,L2,$$

$$\Delta f(x) = \frac{L\pi}{2} + \frac{L2}{2} + xLx - x.$$

$$\Delta f'(x) = Lx \quad , \quad \Delta f''(x) = \frac{1}{x},$$

$$\Delta f^{(2n)}(x) = \frac{1.2\,\ldots\,(2n-2)}{x^{2n-1}}.$$

La formule d'Euler donne la série semi-convergente de Stirling (n° **105**).

111. Formule sommatoire d'Euler. — Si on remplace $f'(x)$ par $f(x)$, la formule d'Euler (n° **108**) peut s'écrire :

$$hf(x) = \int_x^{x+h} f(x)\,dx - \frac{h}{2}\,f(x+h) - f(x) + \frac{B_1}{1.2}\,h^2(f'(x+h) - f'(x))$$

$$- \frac{B_2}{1.2.3.4}\,h^4(f'''(x+h) - f'''(x)) - \ldots$$

$$+ (-1)^n\,\frac{B_{n-1}}{1.2\ldots(2n-2)}\,h^{2n-2}\Delta f^{(2n-3)}(x) + R_n.$$

Si on remplace x successivement par $x+h$, $x+2h$, ...,

$x + (n - 1)h$, et si on ajoute les n relations obtenues, on a :

$$h\,[f(x) + f(x + h) + f(x + 2h) + \ldots + f(x + (n - 1)h)]$$

$$= \int_x^{x+nh} f(x)dx - \frac{h}{2}\,[f(x+nh) - f(x)] + \frac{B_1}{1.2}\,h^2[f'(x+nh) - f'(x)]$$

$$- \frac{B_2}{1.2.3.4}\,h^4\,[f'''(x+nh) - f'''(x)] + \ldots$$

$$+ (-1)^n \frac{B_{n-1}}{1.2\ldots(2n-2)}\,h^{2n-2}\,[f^{(2n-3)}(x+nh) - f^{(2n-3)}(x)] + R_n,$$

$$R_n = \int_0^h \varphi_{2n}(z)[f^{(2n)}(x+z) + f^{(2n)}(x+h+z) + \ldots + f^{(2n)}(x+(n-1)h+z)]dz.$$

Si $\displaystyle\sum_{m=0}^{n-1} f^{(2n)}(x + mh + z)$ conserve le même signe entre $z = 0$

et h on aura (n° **109**) :

$$R_n = (-1)^{n-1}\,\frac{B_n}{1.2\ldots 2n}\,h^{2n}.2\theta[f^{(2n-1)}(x+nh) - f^{(2n-1)}(x)], \quad 0 < \theta < 1.$$

Si $h = 1$ on a :

$$f(x) + f(x + 1) + f(x + 2) + \ldots + f(x + n - 1) = \int_x^{x+n} f(x)dx$$

$$- \frac{1}{2}\,(f(x + n) - f(x)) + \frac{B_1}{2}\,(f'(x + n) - f'(x))$$

$$- \frac{B_2}{1.2.3.4}\,(f'''(x + n) - f'''(x)) + \ldots$$

112. Exemple. — Soit $f(x) = \dfrac{1}{x^p}$ on aura :

$$\frac{1}{x^p} + \frac{1}{(x + 1)^p} + \ldots + \frac{1}{(x + n - 1)^p} = \frac{1}{p - 1}\left(\frac{1}{x^{p-1}} - \frac{1}{(x + n)^{p-1}}\right)$$

$$+ \frac{1}{2}\left(\frac{1}{x^p} - \frac{1}{(x + n)^p}\right) + \frac{B_1}{1.2}\,p\left(\frac{1}{x^{p+1}} - \frac{1}{(x + n)^{p+1}}\right)$$

$$- \frac{B_2}{1.2.3.4}\,p\,(p + 1)\,(p + 2)\left(\frac{1}{x^{p+3}} - \frac{1}{(x + n)^{p+3}}\right) + \ldots$$

Si $p > 1$, et si n augmente indéfiniment on obtient l'expression de la série :

$$\sum_{n=0}^{\infty} \frac{1}{(x+n)^p} = \frac{1}{(p-1)x^{p-1}} + \frac{1}{2x^p} + \frac{B_1}{1.2}\frac{p}{x^{p+1}} - \frac{B_2}{1.2.3.4}\frac{p(p+1)(p+2)}{x^{p+3}} + \ldots$$

$$+ (-1)^{n-1}\frac{B_n}{1.2\ldots 2n}\frac{p\,(p+1)\ldots(p+2n-2)}{x^{p+2n-1}}.$$

le second membre est une série divergente, mais les termes commencent par décroître ; et cette série semi-convergente peut donner la valeur numérique très rapidement si x est assez grand. Le rapport des valeurs absolues d'un terme au précédent est

$$\frac{B_n}{B_{n-1}} \frac{(p - 2n - 2)(p + 2n - 3)}{2n(2n - 1)x^2} = \frac{S_{2n}}{S_{2n-2}} \cdot \frac{(p + 2n - 2)(p + 2n - 3)}{(2\pi x)^2}.$$

Supposons $n < \pi x + \dfrac{5 - 2p}{4}$, comme $S_{2n} < S_{2n-2}$, le rapport précédent sera inférieur à

$$\frac{\left(2\pi x + \dfrac{1}{2}\right)\left(2\pi x - \dfrac{1}{2}\right)}{(2\pi x)^2} = 1 - \frac{1}{(4\pi x)^2} < 1$$

on peut utiliser la série jusqu'à la valeur entière de n immédiatement inférieure à $\pi x + \dfrac{5 - 2p}{4}$.

Supposons, par exemple, $p = 2$, on aura :

$$\frac{1}{x^2} + \frac{1}{(x + 1)^2} + \frac{1}{(x + 2)^2} + \ldots = \frac{1}{x} + \frac{1}{2x^2} + \frac{B_1}{x^3} - \frac{B_2}{x^5} + \ldots$$
$$+ (-1)^{n-1}\frac{B_n}{x^{2n+1}}$$

où $n < \pi x + \dfrac{1}{4}$.

On peut ainsi calculer la série (n° **67**) :

$$\frac{\pi^2}{6} = \sum_1^{\infty} \frac{1}{n^2} = 1 + \frac{1}{2^2} + \ldots + \frac{1}{(x-1)^2} + \frac{1}{2x^2} + \frac{1}{x} + 6\frac{1}{x^3} - \frac{1}{30x^5} + \ldots$$
$$+ (-1)^{n-1}\frac{B_n}{x^{2n+1}}$$

où x est un nombre entier, que l'on choisira d'après l'approximation que l'on veut obtenir.

$$\frac{B_n}{x^{2n+1}} = 2S_{2n} \cdot \frac{1 \cdot 2 \ldots 2n}{x(2\pi x)^{2n}}$$

est inférieur à $\dfrac{6n}{x} \cdot \dfrac{\Gamma(2n)}{(2\pi x)^{2n}}$ ou (n° **106**) à $\dfrac{6n}{x}\left(\dfrac{n}{\pi e x}\right)^{2n}\sqrt{\dfrac{\pi}{n}}$

et, si $n < \pi x$, cette expression est plus petite que

$$\frac{6\pi}{e^{2n}}\sqrt{\frac{\pi}{n}}$$

le nombre de chiffres décimaux que l'on peut ainsi obtenir est représenté par le logarithme de base 10.

$$\log \frac{n^{\frac{1}{2}} e^{2n}}{6\pi^3} = 0,868 n + \frac{1}{2} \log n - 1,52$$

si $x = 3$, $n = 9$ on peut avoir 6 décimales, par la formule

$$\frac{\pi^2}{6} = 1 + \frac{1}{4} + \frac{1}{18} + \frac{1}{3} + \frac{1}{6 \cdot 3^3} - \frac{1}{30 \cdot 3^5} + \frac{1}{42 \cdot 3^7} - \frac{1}{30 \cdot 3^9} +$$
$$+ \frac{5}{66 \cdot 3^{11}} - \frac{691}{2730 \cdot 3^{13}} + \frac{7}{6 \cdot 3^{15}} - \frac{3617}{510 \cdot 3^{17}} + \frac{43867}{798 \cdot 3^{19}}$$

le dernier terme est égal à $\frac{0,47}{10^7}$.

Si $x = 10$, $n = 31$, on peut obtenir 27 chiffres décimaux exacts. En s'arrêtant à $n = 9$ on a

$$\pi^2 = 6 \sum_1^9 \frac{1}{n^2} + \frac{3}{100} + \frac{6}{10} - 6 \sum_1^9 \frac{(-1)^n B_n}{10^{2n-1}} =$$
$$8 + \frac{15}{32} + \frac{11}{27} + \frac{6}{49} + \frac{87}{100} + \frac{1}{10^3} - \frac{1}{5 \cdot 10^5} + \frac{1}{7 \cdot 10^7} - \frac{1}{5 \cdot 10^9} +$$
$$+ \frac{5}{11 \cdot 10^{11}} - \frac{691}{455 \cdot 10^{13}} + \frac{7}{10^{13}} - \frac{3617}{85 \cdot 10^{17}} + \frac{43867}{133 \cdot 10^{19}}$$

on a les valeurs :

<pre>
        8,871
        0,468 75
        0.407 407 407 407 407 407 4
        0.122 448 979 591 836 734 7
  —   0,000 002 000 200 000 000 0
  +   014 285 714 285 7
  +   004 545 454 5
  —   151 868 1
  +   7 000 0
  —   425 5
  +   33 0
  ─────────────────────────────────
        9,869 604 401 089 358 621 7
</pre>

$$\pi^2 = 9,869\ 604\ 401\ 089\ 358\ 62.$$

Pour avoir la même approximation, il faudrait calculer plus d'un milliard de termes de la série convergente $\sum\limits_{1}^{\infty} \dfrac{6}{n^2}$ (n° **67**) pour que

$$\frac{6}{n^2} < \frac{1}{2 \cdot 10^{17}}.$$

Si on applique la méthode du n° **85**, en prenant $n = p$, le dernier terme sera

$$\frac{6}{n^2} \frac{(1 \cdot 2 \dots n)^6}{(1 \cdot 2 \dots 2n)^3} = \frac{3}{4} n \frac{\Gamma^6(n)}{\Gamma^3(2n)}$$

dont la valeur approchée est (n° **106**)

$$\frac{3}{4} n \frac{1}{2^{6n}} \left(\frac{4\pi}{n}\right)^{\frac{3}{2}}$$

si $n = 10$, on a $\dfrac{6\pi}{2^{60}} \sqrt{\dfrac{\pi}{10}} = \dfrac{0.92}{10^{17}}$.

Le calcul serait ainsi un peu plus long pour avoir la même approximation.

113. Constante d'Euler. — La constante d'Euler est donnée par la formule (n° **102**)

$$C = 1 + \frac{1}{2} + \frac{1}{3} + \dots + \frac{1}{n-1} - L\,\frac{2n-1}{2} -$$

$$- 2 \sum\limits_{n}^{\infty} \left(\frac{1}{3(2n)^3} + \frac{1}{5(2n)^5} + \frac{1}{7(2n)^7} + \dots \right)$$

remplaçons chacune de ces séries par une série semi-convergente (n° **112**)

$$\sum\limits_{n}^{\infty} \frac{1}{n^3} = \frac{1}{2n^2} + \frac{1}{2n^3} + \frac{1}{2} \left(3\frac{B_1}{n^4} - 5\frac{B_2}{n^6} + 7\frac{B_3}{n^8} - \dots \right)$$

$$\sum\limits_{n}^{\infty} \frac{1}{n^5} = \frac{1}{4n^4} + \frac{1}{2n^5} + \frac{1}{2 \cdot 3 \cdot 4} \left(3 \cdot 4 \cdot 5\frac{B_1}{n^6} - 5 \cdot 6 \cdot 7\frac{B_2}{n^8} + 7 \cdot 8 \cdot 9\frac{B_3}{n^{10}} - \dots \right)$$

$$\sum\limits_{n}^{\infty} \frac{1}{n^7} = \frac{1}{6n^6} + \frac{1}{2n^7} + \frac{1}{2 \cdot 3 \cdot 4 \cdot 5 \cdot 6} \left(3 \cdot 4 \cdot 5 \cdot 6 \cdot 7\frac{B_1}{n^8} - 5 \cdot 6 \cdot 7 \cdot 8 \cdot 9\frac{B_2}{n^{10}} + \dots \right)$$

et $L \dfrac{2n-1}{2}$ par la série convergente :

$$L \frac{2n-1}{2} = Ln - \frac{1}{2n} - \frac{1}{2(2n)^2} - \frac{1}{3(2n)^3} - \frac{1}{4(2n)^4} - \cdots$$

On aura :

$$C = 1 + \frac{1}{2} + \frac{1}{3} + \cdots + \frac{1}{n-1} + \frac{1}{2n} - Ln +$$
$$+ \frac{1}{3(2n)^2} + \frac{1}{5(2n)^4} + \frac{1}{7(2n)^6} + \cdots$$
$$- \frac{2^2 B_1}{1\cdot 2}\left(\frac{1}{(2n)^4} + \frac{1}{(2n)^6} + \frac{1}{(2n)^8} + \cdots\right) +$$
$$+ \frac{2^4 B_2}{1\cdot 2\cdot 3\cdot 4}\left(\frac{4\cdot 5}{(2n)^6} + \frac{6\cdot 7}{(2n)^8} + \frac{8\cdot 9}{(2n)^{10}} + \cdots\right)$$
$$- \frac{2^6 B_3}{1\cdot 2\cdot 3\cdot 4\cdot 5\cdot 6}\left(\frac{4\cdot 5\cdot 6\cdot 7}{(2n)^8} + \frac{6\cdot 7\cdot 8\cdot 9}{(2n)^{10}} + \cdots\right) + \cdots$$
$$= 1 + \frac{1}{2} + \frac{1}{3} + \cdots + \frac{1}{n-1} + \frac{1}{2n} - Ln +$$
$$+ \frac{1}{12n^2} - \frac{1}{120n^4} + \frac{1}{252n^6} - \frac{1}{240n^8} + \frac{1}{132n^{10}} -$$
$$- \left(86 + \frac{149}{315} - \frac{1}{13}\right)\frac{1}{(2n)^{12}} + \left(1\,365 + \frac{1}{3}\right)\frac{1}{(2n)^{14}} -$$
$$- \left(29\,049 + \frac{8}{15} - \frac{1}{17}\right)\frac{1}{(2n)^{16}} + \cdots$$

Soit $n = 16$

$$1 + \frac{1}{2} + \cdots + \frac{1}{15} + \frac{1}{32} = 2 + \frac{5}{32} + \frac{1}{5} + \frac{20}{99} + \frac{72}{91} =$$
$$3{,}349\,478\,993\,228\,993\,228\,9$$
$$4L2 = 2{,}772\,588\,722\,239\,781\,237\,7 \quad (n^\circ\ \mathbf{98})$$

en formant la différence et en calculant les termes successifs, on a :

$$+\ 0{,}576\,890\,270\,989\,211\,991\,2$$
$$+\ 0{,}000\,325\,520\,833\,333\,333\,3$$
$$-\qquad\qquad\ 127\,156\,575\,520\,8$$
$$+\qquad\qquad\quad 236\,526\,368\,2$$
$$-\qquad\qquad\qquad\ 970\,127\,7$$
$$+\qquad\qquad\qquad\quad\ 6\,890\,1$$
$$-\qquad\qquad\qquad\qquad\ 749$$
$$+\qquad\qquad\qquad\qquad\quad 1\,2$$
$$\overline{\qquad 0{,}577\,215\,664\,901\,532\,860\,6}$$

$$C = 0{,}577\,215\,664\,901\,532\,860$$

114. Application. — Dans les applications du calcul des probabilités, il est utile de connaître les valeurs numériques de l'intégrale

$$\int_0^x e^{-x^2}dx = x - \frac{x^3}{3} + \frac{1}{1 \cdot 2}\frac{x^5}{5} - \ldots + \frac{(-1)^n}{1 \cdot 2 \ldots n}\frac{x^{2n+1}}{2n+1} + \ldots$$

cette série est convergente quel que soit x; mais, si $x > \sqrt{3}$, les termes commencent par augmenter. Le plus grand terme correspond à une valeur de n un peu inférieure à $x^2 - 1$. Si x est un peu grand, les termes deviennent très grands avant de diminuer.

Cependant l'intégrale est toujours inférieure à

$$\int_0^x e^{-x^2}dx = \frac{\sqrt{\pi}}{2} < 0,89.$$

La fonction $e^{-x^2}\left(\frac{1}{x} - \frac{1}{2\,x^3} + \frac{1 \cdot 3}{2^2 x^5} - \ldots + (-1)^n\frac{1 \cdot 3 \ldots (2n-1)}{2^n x^{2n+1}}\right)$

a pour dérivée $e^{-x^2}\left[-2 - (-1)^n\frac{1 \cdot 3 \ldots (2n+1)}{2^n x^{2n+2}}\right]$ elle tend vers zéro, pour $n = \infty$. On a donc :

$$\int_x^\infty e^{-x^2}dx = e^{-x^2}\left(\frac{1}{2x} - \frac{1}{2^2 x^3} + \frac{1 \cdot 3}{2^3 \cdot x^5} - \ldots + (-1)^n\frac{1 \cdot 3 \ldots (2n-1)}{2^{n+1} x^{2n+1}}\right) -$$
$$- (-1)^n \int_x^\infty \frac{1 \cdot 3 \ldots (2n+1)}{2^{n+1} x^{2n+2}} e^{-x^2}dx$$

cette dernière intégrale est plus petite que

$$\frac{1 \cdot 3 \ldots (2n+1)}{2^{n+1}} e^{-x^2} \int_x^\infty \frac{dx}{x^{2n+2}} = \frac{1 \cdot 3 \ldots (2n-1)}{2^{n+1} x^{2n+1}} e^{-x^2}.$$

On peut ainsi représenter $\int_0^x e^{-x^2}dx$ par la série semi-convergente

$$\int_0^x e^{-x^2}dx = \frac{\sqrt{\pi}}{2} - e^{-x^2}\left(\frac{1}{2x} - \frac{1}{2^2 x^3} + \frac{1 \cdot 3}{2^3 x^5} - \ldots + (-1)^n\frac{1 \cdot 3 \ldots (2n-1)}{2^{n+1} x^{2n+1}}\right)$$

dont les termes décroissent tant que $n < x^2 + \frac{1}{2}$. L'erreur est inférieure au dernier terme conservé, et de signe contraire. Pour

$x = 2$, $n = 4$, ce terme

$$\frac{3 \cdot 5 \cdot 7}{2^{14}\,e^{4}} = 0{,}000\,117\,7.$$

Si $x > 2$ on peut avoir 3 chiffres décimaux exacts.

En général le dernier terme peut s'écrire :

$$\frac{e^{-x^2}}{2^{n+1}x^{2n+1}} \cdot \frac{\Gamma(2n)}{2^{n-1}\Gamma(n)}$$

ou, si on remplace $\Gamma(n)$ par l'expression approchée de Sirling (n° **106**) et, si l'on pose $n = x^2 + h$, $-\frac{1}{2} < h < \frac{1}{2}$:

$$\frac{e^{-x^2}}{x\sqrt{2}}\left(\frac{n}{ex^2}\right)^n \times e^{\frac{-1}{24n}} = \frac{e^{-2x^2}}{x\sqrt{2}} \times e^{\frac{12h^2-1}{24x^2}}$$

ce terme est égal à $\dfrac{1}{x\sqrt{2}\,e^{2x^2}}$ avec une approximation de l'ordre de $\dfrac{1}{12x^2}$. Si $x = 4$, $n = 16$, $\dfrac{1}{4\sqrt{2}\,e^{32}} = \dfrac{2.2}{10^{15}}$ ce qui permet de calculer 14 chiffres décimaux.

115. Logarithme intégral. — On appelle logarithme intégral la fonction

$$\mathrm{Li}(x) = \int_0^x \frac{dx}{\mathrm{L}x} \quad , \quad 0 < x < 1$$

ou

$$\mathrm{Li}(e^{-r}) = -\int_x^\infty \frac{e^{-t}}{t}\,dt = -\int_1^\infty \frac{e^{-tr}}{t}\,dt.$$

On a :

$$-\int_x^\infty \frac{e^{-t}}{t}\,dt + \int_0^x \frac{1-e^{-t}}{t}\,dt + \int_x^1 \frac{dt}{t} =$$

$$= \int_0^1 \frac{1-e^{-t}}{t}\,dt - \int_1^\infty \frac{e^{-t}}{t}\,dt = \mathrm{C}$$

$$\mathrm{C} = \int_0^1 \frac{1-e^{-tx}}{t}\,dt - \int_1^\infty \frac{e^{-tx}}{t}\,dt - \mathrm{L}x.$$

Pour déterminer la constante C, supposons que x soit un nombre entier qui augmente indéfiniment.

$$\int_0^1 \frac{1-(1-t)^x}{1-(1-t)}\,dt = \int_0^1 \left[1+(1-t)+(1-t)^2+\ldots+(1-t)^{x-1}\right]\,dt =$$

$$= 1 + \frac{1}{2} + \frac{1}{3} + \ldots + \frac{1}{x}$$

$$C = 1 + \frac{1}{2} + \frac{1}{3} + \ldots + \frac{1}{x} - Lx - \int_0^1 \frac{e^{-tx}-(1-t)^x}{t}\,dt - \int_1^\infty \frac{e^{-tx}}{t}\,dt.$$

Ces deux intégrales tendent vers zéro, pour $x=\infty$. En effet $y = \left[e^t(1-t)\right]^x + \frac{e}{2}\,xt^2$ a pour dérivée, par rapport à t, $y' = tx\left[e - e^t(e^t(1-t))^{x-1}\right] > 0$, car $0 < t < 1$, $e^t < \frac{1}{1-t}$.
Donc $y > 1$,

$$0 < 1 - \left[e^t(1-t)\right]^x < \frac{e}{2}\,xt^2$$

$$0 < \int_0^1 \frac{e^{-tx}-(1-t)^x}{t}\,dt < \int_0^1 \frac{ex}{2}\,te^{-tx}\,dt =$$

$$= \left(-\frac{e(tx+1)}{2x}\,e^{-tx}\right)_0^1 = \frac{e}{2}\left(\frac{1-e^{-x}}{x} - e^{-x}\right) < \frac{e}{2x}$$

qui tend vers zéro

$$\int_1^\infty \frac{dt}{te^{tx}} < \int_1^\infty \frac{dt}{t^2x} = \frac{1}{x}$$

tend aussi vers zéro. C est égale à la limite de $1 + \frac{1}{2} + \ldots + \frac{1}{x} - Lx$, c'est la constante d'Euler (n° **102**)

$$Li(e^{-x}) = C + Lx - \int_0^x \frac{1-e^{-t}}{t}\,dt$$

en remplaçant e^{-t} par son développement en série, on a la série convergente :

$$(Li e^{-x}) = C + Lx - x + \frac{x^2}{2.1.2} - \frac{x^3}{3.1.2.3} + \ldots + (-1)^n\,\frac{x^n}{n.1.2\ldots n} + \ldots$$

En intégrant successivement par partie, on a :

$$\mathrm{L}i(e^{-x}) = \int_{x}^{\infty} \frac{e^{-x}}{x}\, dx = e^{-x}\left(-\frac{1}{x} + \frac{1}{x^2} - \frac{1 \cdot 2}{x^3} \cdots + (-1)^n \frac{1 \cdot 2 \ldots (n-1)}{x^n}\right)$$

$$+ (-1)^n \cdot 1 \cdot 2 \ldots n \int_{\infty}^{x} \frac{e^{-x}}{x^{n+1}}\, dx$$

formule que l'on peut vérifier, en prenant les dérivées

$$0 < \int_{x}^{\infty} \frac{e^{-x}}{x^{n+1}}\, dx < e^{-x} \int_{x}^{\infty} \frac{dx}{x^{n+1}} = \frac{e^{-x}}{n\,x^n}$$

Le reste est donc inférieur au dernier terme $\dfrac{1 \cdot 2 \ldots (n-1)}{x^n}\, e^{-x}$, et de signe contraire. Le logarithme intégral est représenté par la série semi-convergente :

$$\mathrm{L}i(e^{-x}) = e^{-x}\left(-\frac{1}{x} + \frac{1}{x^2} - \frac{1 \cdot 2}{x^3} + \cdots + (-1)^n \frac{1 \cdot 2 \ldots (n-1)}{x^n}\right)$$

dont les termes diminuent tant que $n < 1 \ldots x$. Si x est grand, elle donnera un calcul plus rapide que la série convergente.

116. Séries semi-convergentes de seconde espèce. — Lorsque $x > 1$, on appelle logarithme intégral la valeur principale de l'intégrale $\int_{0}^{x} \dfrac{dx}{\mathrm{L}x}$, ou la limite de $\int_{0}^{1-\varepsilon} \dfrac{dx}{\mathrm{L}x} + \int_{1+\varepsilon}^{x} \dfrac{dx}{\mathrm{L}x}$ pour $\varepsilon = 0$.

Le logarithme intégral de e^x, où $x > 0$, est la limite, pour $\varepsilon = 0$ de

$$\int_{-\infty}^{-\varepsilon} \frac{e^t dt}{t} + \int_{+\varepsilon}^{x} \frac{e^t dt}{t}$$

comme $\int_{-x}^{-\varepsilon} \dfrac{dt}{t} + \int_{\varepsilon}^{x} \dfrac{dt}{t} = 0$

$$\mathrm{L}i(e^x) = \int_{-\infty}^{-x} \frac{e^t}{t}\, dt + \int_{-x}^{+x} \frac{e^t - 1}{t}\, dt = \int_{x}^{\infty} \frac{e^{-t}}{t}\, dt + \int_{-x}^{x} \frac{1 - e^{-t}}{t}\, dt$$

$$= \int_{\infty}^{1} \frac{e^{-t}}{t}\, dt + \int_{1}^{0} \frac{e^{-t} - 1}{t}\, dt + \int_{t}^{x} \frac{dt}{t} + \int_{-x}^{0} \frac{1 - e^{-t}}{t}\, dt$$

$$= \mathrm{C} + \mathrm{L}x + x + \frac{x^2}{2 \cdot 1 \cdot 2} + \frac{x^3}{3 \cdot 1 \cdot 2 \cdot 3} + \cdots$$

En ne considérant que les valeurs principales des intégrales, lorsque l'élément différentiel devient infini, on a :

$$\mathrm{Li}(e^x) = \int_{-\infty}^{x} \frac{e^t}{t}\, dt = \int_{0}^{x} \frac{e^{x(1-t)}}{1-t}\, dt$$

$$= \int_{0}^{x} e^{x(1-t)}\left(1 + t + t^2 + \ldots + t^{n-1} + \frac{t^n}{1-t}\right) dt.$$

Mais :

$$\int_{0}^{\infty} e^{-tx}t^n dt = \frac{1}{x^{n+1}} \int_{0}^{\infty} e^{-t}t^n dt = \frac{1 \cdot 2 \ldots n}{x^{n+1}}$$

$$\mathrm{Li}(e^x) = e^x\left(\frac{1}{x} + \frac{1}{x^2} + \frac{1 \cdot 2}{x^3} + \ldots + \frac{1 \cdot 2 \ldots (n-1)}{x^n}\right) + \mathrm{R}_n$$

$$\mathrm{R}_n = \int_{0}^{x} \frac{t^n}{1-t}\, e^{x(1-t)}\, dt = -\int_{-1}^{\infty} \frac{(1+t)^n}{t}\, e^{-tx}\, dt.$$

On a, pour représenter $\mathrm{Li}(e^x)$, une série divergente dont les termes diminuent tant que $n - 1 < x$. Supposons $n - x$ assez petit, par exemple compris entre 0 et 1, et posons :

$$x = n + h$$

$$\mathrm{R}_n = \int_{-1}^{\infty} \frac{(1+t)^n}{t}\, e^{-nt}\left(-1 + ht - \frac{h^2 t^2}{1 \cdot 2} + \frac{h^3 t^3}{1 \cdot 2 \cdot 3} + \ldots \right) dt$$

$$\int_{-1}^{\infty} (1+t)^n e^{-nt} dt = e^n \int_{0}^{\infty} e^{-nt}t^n dt = \frac{e^n}{n^{n+1}} \int_{0}^{\infty} e^{-t}t^n dt =$$

$$\frac{e^n}{n^{n+1}}\left[e^{-t}(-t^n - nt^{n-1} \ldots - n(n-1)\ldots 1)\right]_{0}^{\infty} = \frac{1 \cdot 2 \ldots (n-1)}{n^n}\, e^n = \left(\frac{e}{n}\right)^n \Gamma(n)$$

$$\int_{-1}^{\infty} (1+t)^n e^{-nt}t^p dt = e^n \int_{0}^{\infty} e^{-nt}t^n(t-1)^p dt$$

$$= (-1)^p \frac{e^n}{n^{n+1}} \int_{0}^{\infty} e^{-t}t^n \left(1 - \frac{t}{n}\right)^p dt$$

$$= (-1)^p \frac{e^n}{n^{n+1}}\left[\Gamma(n+1) - \frac{p}{1}\frac{\Gamma(n+2)}{n} + \frac{p(p-1)}{1 \cdot 2}\frac{\Gamma(n+3)}{n^2} \ldots \right]$$

$$= (-1)^p \left(\frac{e}{n}\right)^n \Gamma(n)\left[1 - \frac{p}{1}\left(1 + \frac{1}{n}\right) + \frac{p(p-1)}{2}\left(1 + \frac{1}{n}\right)\left(1 + \frac{2}{n}\right) \ldots \right]$$

En ordonnant les premiers termes suivant les puissances de $\frac{1}{n}$. on a :

$$R_n = \int_{-1}^{\infty} -\frac{(1+t)^n}{t}\, e^{-nt}\,dt + \Gamma(n)\left(\frac{e}{n}\right)^n\left[h - \frac{h^2}{2n} + \frac{h^3}{6}\left(\frac{1}{n} + \frac{2}{n^2}\right)\right.$$
$$-\frac{h^4}{24}\left(\frac{5}{n^2} + \frac{6}{n^3}\right) + \frac{h^5}{120}\left(\frac{3}{n^2} + \frac{26}{n^3} + \frac{24}{n^4}\right) - \frac{h^6}{720}\left(\frac{35}{n^3} + \frac{154}{n^4} + \frac{120}{n^5}\right)$$
$$\left.+ \frac{h^7}{2 \cdot 3 \ldots 7}\left(\frac{15}{n^3} + \frac{340}{n^4} + \frac{44}{n^5} + \frac{720}{n^6}\right)\cdots\right].$$

Pour former le développement du premier terme, remarquons que

$$\int_1^{\infty}\frac{(1+t)^n}{t}\, e^{-nt}\,dt < \int_1^{\infty}(2t)^n e^{-nt}\,dt < \frac{2^n}{n^{n+1}}\int_0^{\infty} t^n e^{-t}\,dt = \left(\frac{2}{n}\right)^n \Gamma(n)$$
$$< \left(\frac{2}{e}\right)^n \sqrt{\frac{2\pi}{n}}\, e^{\frac{1}{12n}}$$

comme $\frac{2}{e} < 1$, le produit par n^p tend vers zéro, pour $n = \infty$, quel que soit p. Le développement suivant les puissances de $\frac{1}{n}$ est le même que celui de

$$\int_{-1}^{+1}\frac{(1+t)^n e^{-nt}}{t}\, dt.$$

Mais

$$\int_{-1}^{-\varepsilon}\frac{e^{-\frac{nt^2}{2}}}{t}\, dt + \int_{\varepsilon}^{1}\frac{e^{-\frac{nt^2}{2}}}{t}\, dt = 0.$$

On est donc ramené à développer

$$\int_{-1}^{+1}\frac{e^{-\frac{nt^2}{2}}}{t}\left[-1 + (1+t)^n e^{n\left(\frac{t^2}{2} - t\right)}\right]dt$$

$$(1+t)e^{\frac{t^2}{2} - t} = e^{\frac{t^2}{2}}\left(1 - \frac{t^2}{2} + \frac{t^3}{1.3} - \frac{t^4}{1.2.4}\cdots +(-1)^{n-1}\frac{t^n}{1.2\ldots(n-2)n} + \cdots\right)$$

$$= 1 + \frac{t^3}{3} - \frac{t^4}{4} + \frac{t^5}{5} - \frac{t^6}{9} + \frac{5t^7}{84} - \frac{13t^8}{480} + \frac{19t^9}{1620} - \cdots$$

en développant la puissance n de cette fonction, on est ramené à des intégrales de la forme

$$\int_{-1}^{+1} \frac{e^{-\frac{n}{2}t^2}}{t} t^q dt$$

qui sont nulles si q est pair, si $q = 2p + 1$ est impair le développement suivant les puissances de $\frac{1}{n}$ est le même que celui de

$$\int_{-\infty}^{+\infty} e^{-\frac{n}{2}t^2} t^{2p} dt = 2 \left(\frac{2}{n}\right)^p \sqrt{\frac{2}{n}} \int_0^\infty e^{-t^2} t^{2p} dt$$

$$\int_0^\infty e^{-xt^2} dt = \frac{1}{\sqrt{x}} \int_0^\infty e^{-t^2} dt = \frac{1}{2} \sqrt{\frac{\pi}{x}}.$$

En prenant les dérivées d'ordre p, par rapport à x, on a

$$\int_0^\infty e^{-xt^2} t^{2p} dt = \frac{1}{2} \sqrt{\frac{\pi}{x}} \frac{1 \cdot 3 \cdot 5 \dots (2p-1)}{2^p x^p}$$

si $x = 1$,

$$\int_{-\infty}^{+\infty} e^{-\frac{n}{2}t^2} t^{2p} dt = \sqrt{\frac{2\pi}{n}} \frac{1 \cdot 3 \dots (2p-1)}{n^p}$$

Les puissances impaires du développement de

$$\left(1 + \frac{t^3}{3} - \frac{t^4}{4} + \frac{t^5}{5} - \frac{t^6}{9} + \frac{5t^7}{84} - \frac{13t^8}{480} \dots\right)^n - 1$$

donnent

$$n\left(\frac{t^3}{3} + \frac{t^5}{5} + \frac{5t^7}{84} + \dots\right) - \frac{n(n-1)}{2}\left(\frac{t^7}{6} + \frac{47t^9}{270} + \dots\right)$$

$$+ \frac{n(n-1)(n-2)}{6}\left(\frac{t^9}{27} + \frac{31t^{11}}{240} + \dots\right) - \frac{n(n-1)(n-2)(n-3)}{2 \cdot 3 \cdot 4}\frac{t^{13}}{3^3}$$

$$+ \frac{n(n-1)\dots(n-4)}{2 \cdot 3 \cdot 4 \cdot 5}\frac{t^{15}}{3^5} + \dots$$

et pour le développement de $\int_{-1}^{+1} \dfrac{(1+t)^n}{t} e^{-nt} dt$ on aura :

$$\sqrt{\dfrac{2\pi}{n}}\left[\dfrac{1}{3} + \dfrac{3}{5n} + \dfrac{25}{28n^2} + \ldots - \dfrac{1}{4}\left(1-\dfrac{1}{n}\right)\left(\dfrac{5}{n} + \dfrac{329}{9n^2} + \ldots\right)\right.$$

$$\left. + \dfrac{1}{6}\left(1-\dfrac{1}{n}\right)\left(1-\dfrac{2}{n}\right)\left(\dfrac{35}{9n} + \dfrac{63.31}{16n^2} + \ldots\right) - \dfrac{385}{24n^2} + \dfrac{11.91}{216n^2} + \ldots\right]$$

$$= \sqrt{\dfrac{2\pi}{n}}\left(\dfrac{1}{3} - \dfrac{1}{540n} - \dfrac{25}{6048n^2} - \ldots\right)$$

$$= \Gamma(n)\left(\dfrac{e}{n}\right)^n e^{-\frac{1}{12n} + \frac{1}{360n^3} \cdots}\left(\dfrac{1}{3} - \dfrac{1}{540n} - \dfrac{25}{6048n^2} \cdots\right)$$

$$= \Gamma(n)\left(\dfrac{e}{n}\right)^n\left(\dfrac{1}{3} - \dfrac{4}{135n} - \dfrac{8}{2835n^2} - \cdots\right)$$

$$R_n = \Gamma(n)\left(\dfrac{e}{n}\right)^n\left[-\dfrac{1}{3} + h + \dfrac{1}{n}\left(\dfrac{4}{135} - \dfrac{h^2}{2} + \dfrac{h^3}{6}\right)\right.$$

$$\left. + \dfrac{1}{n^2}\left(\dfrac{8}{2835} + \dfrac{h^3}{3} - \dfrac{5h^4}{24} + \dfrac{h^5}{40}\right) \cdots\right]$$

Pour comparer R_n au dernier terme du développement de $\mathrm{L}i(e^x)$ on peut remplacer $\left(\dfrac{e}{n}\right)^n$ par

$$\dfrac{e^{x-h}}{x^n}\left(\dfrac{n+h}{n}\right)^n = \dfrac{e^x}{x^n} e^{-h + n\mathrm{L}\left(1+\frac{h}{n}\right)}$$

$$= \dfrac{e^x}{x^n} e^{-\frac{h^2}{2n} + \frac{h^3}{3n^2} \cdots} = \dfrac{e^x}{x^n}\left(1 - \dfrac{h^2}{2n} + \dfrac{h^3}{3n^2} + \dfrac{h^4}{8n^2} \cdots\right)$$

$$R_n = \dfrac{e^x}{x^n}\Gamma(n)\left[h - \dfrac{1}{3} + \dfrac{1}{n}\left(\dfrac{4}{135} - \dfrac{h^2 + h^3}{3}\right)\right.$$

$$\left. + \dfrac{1}{n^2}\left(\dfrac{8}{2835} - \dfrac{2}{135}h^2 + \dfrac{2}{9}h^3 + \dfrac{h^4}{3} + \dfrac{h^5}{15}\right) \cdots\right].$$

Si n est assez grand, le rapport de R_n au dernier terme diffère peu de $h - \dfrac{1}{3}$. On a ainsi, pour représenter $\mathrm{L}ie^x$, une série divergente dont les termes décroissent tant que $n < 1 + x$. Si on suppose

$$x - \dfrac{5}{6} < n < x + \dfrac{1}{6}$$

$$-\dfrac{1}{2} < h - \dfrac{1}{3} < \dfrac{1}{2}$$

le reste est au plus du même ordre que la moitié du dernier terme. L'erreur relative est alors inférieure à $\frac{\Gamma(n)}{2\,x^{n-1}}$ ou à peu près

$$\frac{1}{e^n}\sqrt{\frac{\pi n}{2}}.$$

Stieltjes a appelé séries semi-convergentes de seconde espèce des séries divergentes à termes positifs, qui peuvent ainsi être utilisées pour les calculs, le reste étant du même ordre de grandeur que le dernier terme. On peut même augmenter l'approximation en calculant la valeur approchée du reste.

117. Application. — La fonction :

$$f(x) = \int_{0}^{\frac{2n\pi}{x}} e^{-\tau}\,\frac{\sin tx + t\cos tx}{1 + t^2}\,dt$$

a pour dérivée

$$f'(x) = -e^{-\tau}\,\frac{2n\pi x}{(2n\pi)^2 + x^2}\,\frac{2n\pi}{x^2} - \int_{0}^{\frac{2n\pi}{x}} e^{-\tau}\sin tx\,dt = -\frac{e^{-x}}{x}\,\frac{(2n\pi)^2}{(2n\pi)^2 + x^2}$$

Si n augmente indéfiniment, il en résulte que la fonction

$$F(x) = e^{-\tau}\int_{0}^{\infty}\frac{\sin tx + t\cos tx}{1 + t^2}\,dt$$

a pour dérivée $F'(x) = -\frac{e^{-\tau}}{x}$.

Mais (n^{os} **115** et **116**)

$$\frac{d}{dx}(Li\,e^{-x}) = \frac{e^{-x}}{x}\quad,\quad \frac{d}{dx}(Li\,e^{x}) = \frac{e^{x}}{x}\quad,\quad x > 0,$$

quel que soit x, $F(x) = -Li(e^{-x}) + c$.

Si x tend vers $+\infty$, $F(x)$ et $Li\,e^{-x}$ tendent vers zéro.

Donc, si $x > 0$, $c = 0$. D'autre part :

$$F(x) - F(-x) = \int_{0}^{\infty}(e^{-x} + e^{x})\frac{\sin tx}{1 + t^2}\,dt + \int_{0}^{\infty}(e^{-x} - e^{x})\frac{t\cos tx}{1 + t^2}\,dt,$$

$$Li(e^{x}) - Li(e^{-x}) = 2\left(x + \frac{x^3}{3.1.2.3} + \dots\right),$$

ces deux fonctions tendent vers zéro, pour $x = 0$; on a donc, quel
que soit x :

$$\mathrm{F}(x) = e^{-x} \int_0^\infty \frac{\sin tx + t \cos tx}{1 + t^2}\, dt = - \mathrm{Li}(e^{-x}),$$

$$e^x \int_0^\infty \frac{\sin tx - t \cos tx}{1 + t^2}\, dt = \mathrm{Li}(e^x)$$

et :

$$2 \int_0^\infty \frac{\sin tx}{1 + t^2}\, dt = e^{-x}\mathrm{Li}(e^x) - e^x\mathrm{Li}(e^{-x}),$$

$$2 \int_0^\infty \frac{t \cos tx}{1 + t^2}\, dt = - e^{-x}\mathrm{Li}(e^x) - e^x\mathrm{Li}(e^{-x})$$

on peut ainsi représenter ces deux intégrales par les séries semi-
convergentes de seconde espèce :

$$\int_0^\infty \frac{\sin tx}{1 + t^2}\, dt = \frac{1}{x} + \frac{1.2}{x^3} + \frac{1.2.3.4}{x^5} + \dots + \frac{1.2 \dots 2n}{x^{2n+1}},$$

$$\int_0^\infty \frac{t \cos tx}{1 + t^2}\, dt = - \frac{1}{x^2} - \frac{1.2.3}{x^4} - \dots - \frac{1.2 \dots (2n-1)}{x^{2n}},$$

qui, limitées au plus petit terme, donnent une approximation de
l'ordre de $\dfrac{1}{e^x}\sqrt{\dfrac{2\pi}{x}}$, ou un nombre de chiffres décimaux égal à peu
près à $0,43\, x$.

118. Exemple. — Soit la série $\displaystyle\sum_1^\infty \frac{1}{e^{nx} - 1}$, $x > 0$. Si x est
petit les termes décroissent très lentement. Pour transformer cette
série, considérons l'intégrale

$$\int_0^\infty \sin tx \cdot e^{-at}dt = \left(- e^{-at} \frac{a \sin tx + x \cos tx}{a^2 + x^2}\right)_0^\infty = \frac{x}{a^2 + x^2}, \quad a > 0$$

$$\int_0^\infty \frac{\sin tx}{e^{2\pi t} - 1}\, dt = \sum_1^\infty \int e^{-2n\pi t}\sin tx\, dt = \sum_1^\infty \frac{x}{x^2 + 4 n^2\pi^2}.$$

D'autre part, on a (n^{os} **52** et **60**) :

$$\sum_1^\infty \frac{x}{x^2 - 4n^2\pi^2} = \frac{1}{4}\cotg\frac{x}{2} - \frac{1}{2x} = \frac{i}{4}\frac{e^{xi}+1}{e^{xi}-1} - \frac{1}{2x},$$

$$\sum_1^\infty \frac{x}{x^2 + 4n^2\pi^2} = -\frac{1}{4}\frac{e^{-x}+1}{e^{-x}-1} - \frac{1}{2x} = \frac{1}{4} - \frac{1}{2x} + \frac{1}{2(e^x-1)}.$$

$$\frac{1}{e^{nx}-1} = \frac{1}{nx} - \frac{1}{2} + 2\int_0^\infty \frac{\sin ntx}{e^{2\pi t}-1}\,dt,$$

$$\sum_1^{n-1}\frac{1}{e^{nx}-1} + \frac{1}{2(e^{nx}-1)} = \frac{1}{x}\left(1 + \frac{1}{2} + \ldots + \frac{1}{n-1} + \frac{1}{2n}\right) - \frac{n}{2} + \frac{1}{4}$$

$$+ \int_0^\infty \frac{\sin ntx + 2\sum_1^{n-1}\sin ntx}{e^{2\pi t}-1}\,dt,$$

où

$$\sin ntx + 2\sum_1^{n-1}\sin ntx = \frac{1}{2\sin\frac{tx}{2}}\left[\cos\frac{2n-1}{2}tx - \cos\frac{2n+1}{2}tx\right.$$

$$\left. + 2\sum_1^{n-1}\left(\cos\frac{2n-1}{2}tx - \cos\frac{2n-1}{2}tx\right)\right] = (1-\cos ntx)\cotg\frac{tx}{2}$$

D'autre part l'intégrale $\int_0^\infty \frac{1-\cos tx}{e^{2\pi t}-1}\frac{dt}{t}$, qui tend vers zéro avec x, a pour dérivée par rapport à x

$$\int_0^\infty \frac{\sin tx}{e^{2\pi t}-1}\,dt = \frac{1}{4} - \frac{1}{2x} + \frac{1}{2(e^x-1)}.$$

Il en résulte :

$$\int_0^\infty \frac{1-\cos tx}{e^{2\pi t}-1}\frac{dt}{t} = \frac{x}{4} + \frac{1}{2}L\frac{1-e^{-x}}{x},$$

$$\frac{2}{x}\int_0^\infty \frac{1-\cos ntx}{e^{2\pi t}-1}\frac{dt}{t} = \frac{n}{2} + \frac{1}{x}L(1-e^{-nx}) - \frac{Lnx}{x},$$

$$\sum_1^{n-1}\frac{1}{e^{nx}-1} + \frac{1}{2(e^{nx}-1)} = \frac{1}{x}\left(1 + \frac{1}{2} + \ldots + \frac{1}{n} - Ln\right) - \frac{1}{2nx} + \frac{1}{4} - \frac{Lx}{x}$$

$$+ \frac{1}{x}L(1-e^{-nx}) + \int_0^\infty \frac{1-\cos ntx}{e^{2\pi t}-1}\left(\cotg\frac{tx}{2} - \frac{2}{tx}\right)dt.$$

Si n augmente indéfiniment, C étant la constante d'Euler (n° **101**)

$$\sum_{1}^{\infty} \frac{1}{e^{nx} - 1} - \frac{C - Lx}{x} - \frac{1}{4}$$

est égale à la limite, pour $n = \infty$, de

$$X = \int_{0}^{\infty} \frac{1 - \cos ntx}{e^{2\pi t} - 1} \left(\cot g \frac{tx}{2} - \frac{2}{tx} \right) dt$$

on a (n° **60**), quel que soit x :

$$\cot g \frac{x}{2} - \frac{2}{x} = \sum_{n=1}^{\infty} \frac{4x}{x^2 - (2n\pi)^2} = -\frac{4}{x} \sum_{1}^{\infty} \left(\frac{x}{2n\pi} \right)^2 + \left(\frac{x}{2n\pi} \right)^4 + \dots$$

$$+ \left(\frac{x}{2n\pi} \right)^{2p} + \frac{\left(\frac{x}{2n\pi} \right)^{2p+2}}{1 - \left(\frac{x}{2n\pi} \right)^2} = -2 \left(\frac{B_1}{1.2} x + \frac{B_2}{1.2.3.4} x^3 + \dots \right.$$

$$\left. + \frac{B_p}{1.2 \dots 2p} x^{2p-1} + \sum_{1}^{\infty} \frac{2 x^{2p+1}}{(2n\pi)^{2p} (4n^2\pi^2 - x^2)} \right),$$

$$X = -2 \int_{0}^{\infty} \frac{1 - \cos ntx}{e^{2\pi t} - 1} \left(\frac{B_1}{1.2} tx + \dots + \frac{B_p}{1.2 \dots 2p} (tx)^{2p-1} \right.$$

$$\left. + \sum_{q=1}^{\infty} \frac{2 (tx)^{2p+1}}{(2q\pi)^{2p} (4q^2\pi^2 - t^2 x^2)} \right) dt.$$

Si a est un nombre positif, ou une quantité imaginaire, dont la partie réelle est positive, on a :

$$\int_{0}^{\infty} e^{-at} t^{2p-1} dt = \left[-e^{-at} \left(\frac{t^{2p-1}}{a} + \frac{(2p-1)}{a^2} t^{2p-2} + \dots \right. \right.$$

$$\left. \left. + \frac{1.2 \dots (2p-1)}{a^{2p}} \right) \right]_{0}^{\infty} = \frac{1.2 \dots (2p-1)}{a^{2p}},$$

$$\int_{0}^{\infty} \cos ntx \cdot e^{-at} t^{2p-1} dt = \frac{1}{2} \int_{0}^{\infty} (e^{(nxi-a)t} + e^{(-nxi-a)t}) t^{2p-1} dt$$

$$= \frac{1}{2} 1.2 \dots (2p-1) \left(\frac{1}{(a - nxi)^{2p}} + \frac{1}{(a + nxi)^{2p}} \right)$$

Pour $n = \infty$

$$\int_0^\infty (1 - \cos ntx)\, e^{-at} t^{2p-1} dt$$

a pour limite

$$\frac{1.2 \ldots (2p-1)}{a^{2p}},$$

$$\int_0^\infty \frac{1 - \cos ntx}{e^{2\pi t} - 1}\, t^{2p-1} dt = \int_0^\infty (1 - \cos ntx)\, t^{2p-1} \sum_1^\infty e^{-2n\pi t}\, dt$$

a pour limite

$$\frac{1.2 \ldots (2p-1)}{(2\pi)^{2p}} \left(1 + \frac{1}{2^{2p}} + \frac{1}{3^{2p}} + \ldots\right) = \frac{B_p}{4p}.$$

Donc :

$$\sum_1^\infty \frac{1}{e^{nx} - 1} = \frac{C - Lx}{x} + \frac{1}{4} - \frac{B^2_1}{2.1.2}\, x - \frac{B^2_2}{4.1.2.3.4}\, x^3 - \ldots$$

$$- \frac{B^2_p}{2p.1.2 \ldots 2p}\, x^{2p-1} - R_p.$$

R_p est la limite, pour $n = \infty$, de

$$4 \int_0^\infty \frac{1 - \cos ntx}{e^{2\pi t} - 1}\, (tx)^{2p+1} \sum_{q=1}^\infty \frac{1}{(2q\pi)^{2p}(4q^2\pi^2 - t^2x^2)}\, dt$$

$$= \frac{4}{x} \int_0^\infty \frac{t^{2p+1}}{1 - t^2} \sum_{q=1}^\infty \frac{1 - \cos 2nq\pi t}{e^{4\pi^2\frac{qt}{x}} - 1}\, dt$$

que l'on peut remplacer par $\displaystyle\int^{1-\varepsilon} + \int_{1+\varepsilon}^\infty$, où ε tend vers zéro.

La valeur principale de $\displaystyle\int \frac{t^{2p+1}}{1 - t^2} \sum_1^\infty \frac{\cos 2nq\pi t}{e^{4\pi^2\frac{qt}{x}} - 1}\, dt$ tend vers

zéro, pour $n = \infty$. En effet on la ramène à une suite d'intégrales de la forme

$$\int_0^\infty \frac{t^{2p+1}}{1 - t^2}\, e^{-at} \cos 2nq\pi t\, dt \quad .$$

$$= \int_0^\infty e^{-at} \cos 2nq\pi t \left(\frac{t}{1 - t^2} - t - t^3 - \ldots - t^{2p-1}\right) dt.$$

$$\int_0^\infty e^{-at} t^{2p-1} \cos 2 nq\pi t \; \text{tend vers zéro, quel que soit } p, \text{ et}$$

$$\int_0^\infty e^{-at} \cos 2 nq\pi t \; \frac{t\,dt}{1-t^2}$$

$$= \int_2^\infty e^{-at} \cos 2nq\pi t \; \frac{t\,dt}{1-t^2} + \int_0^2 e^{-at} \cos 2nq\pi t \left(\frac{1}{1-t} - \frac{1}{1+t} \right) \frac{dt}{2},$$

$$\int_2^\infty e^{-at} \cos 2nq\pi t \; \frac{t\,dt}{1-t^2} = \int_2^\infty e^{-at} \cos 2nq\pi t \left(-\frac{1}{t} - \frac{1}{t^3} - \ldots \right) dt,$$

$$\int_0^2 e^{-at} \cos 2 nq\pi t \; \frac{dt}{1+t} = \int_0^2 e^{-at} \cos 2 nq\pi t \left(1 - t + t^2 \ldots \right) dt,$$

ces deux intégrales tendent vers zéro.

$$\int_0^2 e^{-at} \cos 2 nq\pi t \; \frac{dt}{1-t} = \int_0^{1-\varepsilon} e^{-at} \cos 2 nq\pi t \; \frac{dt}{1-t}$$

$$+ \int_{1-\varepsilon}^0 e^{a(t-2)} \cos 2 nq\pi t \; \frac{dt}{1-t} = \int_0^1 e^{-a} (e^{at} - e^{-at}) \cos 2 nq\pi t \; \frac{dt}{t}$$

$$= e^{-a} \int_0^1 2 a \cos 2 nq\pi t \left(1 + \frac{a^2 t^2}{1.2.3} + \frac{a^4 t^4}{1.2.3.4.5} + \ldots \right) dt,$$

intégrales que l'on peut calculer par séries, et qui tendent vers zéro, pour n infini.

R_p est donc égal à la valeur principale de

$$R_p = \frac{4}{x} \int_0^\infty \frac{t^{2p+1}}{1-t^2} \sum_{q=1}^\infty \frac{1}{e^{4\pi^2 \frac{qt}{x}} - 1} \, dt = \frac{4}{x} \int_0^\infty \frac{t^{2p+1}}{1-t^2} \sum N_q e^{-4\pi^2 \frac{qt}{x}} \, dt$$

où N_q est le nombre des diviseurs de q. Posons $\dfrac{4\pi^2}{x} = 2p + 1 + h$, h restant assez petit. On pourra comme au n° **116** former un développement suivant les puissances négatives de $2p + 1$, mais, comme $e^{-(2p+1)} (2p + 1)^h$ tend vers zéro, pour $p = \infty$, les seuls termes qui interviendront dans ce développement correspondent à $q = 1$, comme cela résulte des calculs du n° **116**. On a ainsi :

$$\frac{4}{x} \int_0^\infty \frac{t^{2p+1}}{1-t^2} e^{-t(2p+1+h)} dt = \frac{-4}{x} \int_{-1}^\infty \frac{(1+t)^{2p+1}}{t(2+t)} e^{-(1+t)(2p+1+h)} dt$$

qui se ramène à

$$- \frac{2}{x} e^{-(2p+1-h)} \int_{-1}^{+1} \left(\frac{1+t}{t}\right)^{2p+1} e^{-(2p+1)t} \left(1 - \frac{t}{2} + \frac{t^2}{4} \cdots \right) \times$$

$$\left(1 - th + \frac{t^2 h^2}{2} \cdots \right) dt$$

et. en appliquant les résultats du n° **116**,

$$R_p = \frac{2}{x} e^{-(2p+1-h)} \left(\frac{e}{2p+1}\right)^{2p+1} \Gamma(2p+1) \left[\frac{1}{6} + h\right.$$

$$- \frac{1}{2p+1} \left(\frac{103}{1\,080} + \frac{h+h^2}{4} - \frac{h^3}{6}\right)$$

$$\left. + \frac{1}{(2p+1)^2} \left(\frac{3\,091}{90\,720} + \frac{h+h^2}{16} + \frac{h^3}{24} - 7\frac{h^4}{48} + \frac{h^5}{40}\right) - \cdots \right].$$

On peut remplacer $\dfrac{2}{x} \cdot \dfrac{e^{-h}}{(2p+1)^{2p+1}}$ par

$$\frac{2}{x} \cdot \frac{e^{-h}}{\left(\frac{4\pi^2}{x} - h\right)^{2p+1}} = \frac{x^{2p-1}}{(2\pi)^{4p}} \frac{2}{2p+1+h} e^{-h-(2p+1)L\left(1 - \frac{h}{2p+1+h}\right)}$$

$$= \frac{x^{2p-1}}{p(2\pi)^{4p}} \left[1 - \frac{1}{(2p+1)} \left(1 + h + \frac{h^2}{2}\right)\right.$$

$$\left. + \frac{1}{(2p+1)^2} \left(h + \frac{3}{2} h^2 + \frac{5}{6} h^3 + \frac{h^4}{8}\right) - \cdots \right]$$

$$R_p = \frac{x^{2p-1}}{p(2\pi)^{4p}} \Gamma(2p+1) \left[\frac{1}{6} + h - \frac{1}{2p+1}\left(\frac{283}{1\,080} + \frac{17}{12} h + \frac{4h^2+h^3}{3}\right) + \right.$$

$$\left. + \frac{1}{(2p+1)^2} \left(\frac{11\,743}{90\,720} + \frac{1\,241}{2\,160} h + \frac{2\,009}{1\,080} h^2 + \frac{17}{9} h^3 + \frac{2}{3} h^4 + \frac{h^5}{15}\right) + \cdots \right].$$

Le dernier terme du développement semi-convergent est

$$\frac{B_p^2}{2p \cdot 1 \cdot 2 \ldots 2p} x^{2p-1} = \frac{2\,x^{2p-1}}{p(2\pi)^{4p}} \Gamma(2p+1) \left(1 + \frac{1}{2^{2p}} + \frac{1}{3^{2p}} + \cdots\right)^2.$$

Comme $\dfrac{p^n}{2^p}$ tend vers zéro, pour $p = \infty$, quel que soit n, le reste est de l'ordre du dernier terme, multiplié par

$$\frac{2\pi^2}{x} - p - \frac{5}{12}.$$

Si on prend

$$\frac{2\,\pi^2}{x} - \frac{11}{12} < p < \frac{2\,\pi^2}{x} + \frac{1}{12}$$

le reste est au plus de l'ordre de la moitié du dernier terme ; ce qui donne une approximation de l'ordre de

$$\sqrt{\frac{2}{\pi x}}\, e^{-\frac{4\pi^2}{x}}.$$

Par exemple, si $x = 1$, $p = 19$, on aura une erreur inférieure à

$$\sqrt{\frac{2}{\pi}}\, e^{-4\pi^2} = \frac{5,7}{10^{18}}$$

ce qui donne :

$$\frac{1}{e-1} + \frac{1}{e^2-1} + \dots + \frac{1}{e^n-1} + \dots = C +$$
$$+ \frac{1}{4} - \frac{1}{144} - \frac{1}{86400} - \frac{1}{7620480} \dots$$

on voit qu'un très petit nombre de termes donnera une approximation suffisante.

NOTE SUPPLÉMENTAIRE

PLUS GRANDE LIMITE

119. Premier cas. — Soit

$$(u) \qquad u_1, u_2, \ldots u_n, \ldots$$

une suite illimitée de nombres réels. Soit u_{n_1} le premier qui est supérieur à u_1. Si $u_2 > u_1$, $n_1 = 2$; si $u_2 \leqslant u_1$, nous supposons qu'il existe un terme $u_{n_1} > u_1$; $u_2, u_3 \ldots u_{n_1-1}$ étant inférieurs, ou égaux, à u_1.

Parmi les termes $u_{n_1+1}, u_{n_1+2}, \ldots$ qui suivent u_{n_1}, soit u_{n_2} le premier qui est plus grand que u_{n_1}. Nous supposons encore qu'il y a un terme $u_{n_2} > u_{n_1}$; les termes de rang compris entre n_1 et n_2 seront inférieurs ou égaux à u_{n_1}.

En continuant ainsi, on prendra une suite de termes d'indices croissants, $u_1, u_{n_1}, u_{n_2}, \ldots, u_{n_p}, \ldots$: u_{n_p} est le premier terme de la suite (u), qui suit $u_{n_{p-1}}$ et qui est plus grand que lui. Supposons que cette suite, u_{n_p}, soit illimitée, c'est-à-dire qu'après chaque terme u_n de la suite (u) on puisse en trouver un plus grand. On obtient une suite partielle illimitée :

$$(v) \qquad u_1, u_{n_1}, u_{n_2}, \ldots, u_{n_p}, \ldots$$

telle que

$$1 < n_1 < n_2 \ldots < n_p < \ldots$$

et

$$u_1 < u_{n_1} < u_{n_2} \ldots < u_{n_p} \ldots$$

dans la suite (u), si $n < n_p$, on a $u_n < u_{n_p}$, et cela est vrai pour toute valeur de l'indice p.

Si les nombres croissants u_{n_p} n'augmentent pas indéfiniment, ils ont une limite $\mathcal{L}$. Quel que soit n, il existe un nombre $n_p > n$, et l'on a :

$$u_n < u_{n_p} < \mathcal{L}$$

tout terme u_n de la suite (u) est inférieur à $\mathcal{L}$. Mais, quel que soit le nombre positif ε, il existe un terme u_{n_p} de la suite (u), tel que

$$\mathcal{L} > u_{n_p} > \mathcal{L} - \varepsilon.$$

En supprimant des termes de la suite (u), et en conservant l'ordre de ceux qui restent, on peut obtenir des suites partielles ayant une limite déterminée, qui sera toujours inférieure ou égale à $\mathcal{L}$. Il existe une suite partielle v_1, v_2,... v_p,..., où $v_p = u_{n_p}$, qui a pour limite $\mathcal{L}$. C'est la plus grande limite de la suite (u), lorque n augmente indéfiniment.

Si les nombres u_{n_p} augmentent indéfiniment, on dira que la plus grande limite $\mathcal{L} = + \infty$. Quel que soit le nombre A, il existera un terme de rang déterminé n_p,

$$u_{n_p} > A.$$

120. Deuxième cas. — Supposons que la suite u_{n_p} soit limitée, c'est-à-dire qu'après un terme déterminé de la suite (u) il n'y en ait aucun de plus grand. Tous les termes de rang $n < n_p$ sont inférieurs à u_{n_p}, ceux de rang $n > n_p$ peuvent être inférieurs ou égaux à u_{n_p}. Supprimons tous les termes de (u) jusqu'à u_{n_p}. Et, sur les termes qui suivent, opérons comme sur la suite (u) ; en partant de u_{n_p+1}, on prend une suite de termes qui vont en croissant. Si cette suite est illimitée elle aura une limite finie déterminée $\mathcal{L}$, qui est la plus grande limite de la suite (u). La suite (u) contient des termes plus grands que $\mathcal{L}$, mais le dernier de ces termes est u_{n_p}. Si n est supérieur à l'indice n_p, u_n est toujours inférieur à $\mathcal{L}$.

Si la suite de termes obtenue est encore limitée, et se termine à un terme u_n, on partira du terme qui le suit, u_{n+1}, pour former une nouvelle suite croissante ; en prenant après chaque terme u_{n_p}, le premier qui a une valeur plus grande que u_{n_p}. Si on arrive à un terme u_{n_p} tel qu'après lui il n'y en ait aucun de plus grand, on prend le terme u_{n_p+1}. On obtient ainsi des suites partielles formées chacune de nombres croissants. Chacune de ces suites croissantes peut comprendre un ou plusieurs termes ; mais nous supposerons que le nombre de ces suites est limité, c'est-à-dire qu'après avoir obtenu un nombre déterminé de suites limitées on arrive à une suite illimitée qui aura nécessairement une limite finie $\mathcal{L}$; c'est la plus grande limite de la suite (u). Il existe un rang déterminé m, tel que, si $n > m$, on ait

$$u_n < \mathcal{L}$$

quel que soit le nombre positif ε, il existe un terme u_n tel que

$$\mathcal{L} < u_n < \mathcal{L} - \varepsilon.$$

Il existe une suite partielle ayant pour limite $\mathcal{L}$. Mais il n'existe aucune suite partielle ayant une limite plus grande que $\mathcal{L}$.

121. Troisième cas. — Supposons que le nombre des suites partielles obtenues soit illimité. Après le terme u_{n_p} on a pris le premier qui est plus grand, ou, s'il n'y en a pas, le terme u_{n_p+1}. On a ainsi des suites de termes qui croissent ; mais il peut arriver qu'après u_{n_p+1} il n'y ait pas de terme plus grand ; on a alors une suite qui se réduit à un seul terme. Nous avons ainsi des suites partielles dont le nombre est illimité.

Conservons seulement le dernier terme, c'est-à-dire le plus grand de chaque suite. Soient

$$u_{v_1},\ u_{v_2},\ \ldots u_{v_p},\ \ldots$$

ces termes qui sont tels que, après u_{v_p}, il n'y a pas de terme plus grand, car autrement ce terme ne serait pas le dernier de son groupe. On a donc :

$$v_1 < v_2 < v_3 \ldots < v_p \ldots$$
$$u_{v_1} > u_{v_2} > u_{v_3} \ldots > u_{v_p} \ldots$$

Si les nombres u_{v_p}, qui ne croissent jamais, ne tendent pas vers $-\infty$, ils ont une limite $\mathcal{L}$. Quel que soit le nombre positif ε, il existe un rang v_p tel que

$$\mathcal{L} \leqslant u_{v_p} < \mathcal{L} + \varepsilon.$$

Dans la suite (u), si $n > v_p$, on a

$$u_n \leqslant u_{v_p} < \mathcal{L} + \varepsilon.$$

Il en résulte qu'une suite particelle illimitée, déduite de (u) en supprimant des termes, et en conservant l'ordre de ceux qui restent, ne peut jamais avoir une limite plus grande que $\mathcal{L}$. Il y a une suite particelle u_{v_p} qui a pour limite $\mathcal{L}$, c'est donc la plus grande limite de la suite (u).

Si les termes u_{v_p} décroissent indéfiniment, c'est-à-dire s'ils tendent vers $-\infty$; quel que soit le nombre négatif A, il existera un rang v_p tel que $u_{v_p} < A$.

Si $n > v_p$, on aura

$$u_n \leqslant u_{v_p} < A.$$

La suite (u) a donc pour limite $-\infty$, et l'on peut dire que la plus grande limite $\mathcal{L} = -\infty$, car toute suite partielle illimitée tendra vers $-\infty$.

122. Définition générale. — Dans tous les cas, une suite illimitée (u) a une plus grande limite $\mathcal{L}$, ayant les propriétés suivantes, qui pourraient servir à la définir.

Si $\mathcal{L}$ a une valeur finie, quel que soit le nombre positif ε, il existe un rang p déterminé, tel que, si $n > p$, on ait $u_n < \mathcal{L} + \varepsilon$; et il existe un terme u_n de rang supérieur à tout nombre donné, tel que

$$u_n > \mathcal{L} - \varepsilon.$$

Il en résulte que, si l'on forme une suite partielle illimitée, ayant une limite déterminée, cette limite est inférieure ou égale à $\mathcal{L}$; et il existe une suite partielle illimitée, qui a pour limite $\mathcal{L}$.

Si $\mathcal{L} = +\infty$, quel que soit le nombre positif A il existe un terme $u_n > A$. Il y a donc une suite partielle qui tend vers $+\infty$.

Si $\mathcal{L} = -\infty$, quel que soit le nombre négatif A, il existe un rang p tel que, si $n > p$, on ait $u_n < A$.

La suite (u) tend vers $-\infty$, toute suite partielle illimitée tend vers $-\infty$, qui est la seule limite, et aussi la plus grande limite.

123. Plus petite limite. — Si on change tous les termes de signe, la suite

$(- u)$ $\qquad\qquad -u_1, -u_2, \ldots, -u_n, \ldots$

a une plus grande limite — l. Pour la suite (u), l est la plus petite limite. A tout nombre positif ε correspond un rang p tel que, si $n > p$, on ait $u_n > l - \varepsilon$

ou

$$- u_n < - l + \varepsilon.$$

Il existe un terme u_n de rang supérieur à tout nombre donné, tel que

$$u_n < l + \varepsilon.$$

Si une suite partielle illimitée a une limite, cette limite est supérieure ou égale à l. Il existe une suite partielle qui a pour limite l.

Si $l = -\infty$, quel que soit le nombre négatif A, il existe un terme $u_n < A$. Il y a une suite partielle qui tend vers $-\infty$.

Si $l = +\infty$, quelque soit le nombre positif A, il existe un rang p, tel que, si $n > p$, on ait $u_n > A$. La suite (u) tend vers $+\infty$, qui est la seule limite de toute suite partielle illimitée, et aussi la plus petite limite.

124. Résumé. — Toute suite illimitée (u) a une plus petite limite l, et une plus grande limite $\mathcal{L}$. A tout nombre positif ε correspond un rang p tel que, si $n > p$, on ait

$$l - \varepsilon < u_n < \mathcal{L} + \varepsilon$$
$$l \leqslant \mathcal{L}.$$

Il existe une suite partielle ayant pour limite l, et une ayant pour limite $\mathcal{L}$. Si une suite partielle illimitée a une limite l', on a

$$l \leqslant l' \leqslant \mathcal{L}.$$

Si $l = \mathcal{L}$, la suite (u) a une limite déterminée, toute suite partielle illimitée a la même limite l.

En particulier, si $l = +\infty$, $\mathcal{L}$ est aussi infini, les nombres u_n augmentent indéfiniment.

Si $\mathcal{L} = -\infty$, on a aussi $l = -\infty$, u_n tend vers $-\infty$.

TABLE DES MATIÈRES

CHAPITRE PREMIER

NOTIONS GÉNÉRALES

CHAPITRE II

SÉRIES A TERMES POSITIFS

CHAPITRE III

SÉRIES A SIGNES VARIÉS

CHAPITRE IV

SOMMATION ET CALCULS NUMÉRIQUES

CHAPITRE V

TRANSFORMATION DES SÉRIES

CHAPITRE VI

SÉRIES SEMI-CONVERGENTES

NOTE SUPPLÉMENTAIRE

PLUS GRANDE LIMITE

IMPRIMERIE SCIENTIFIQUE ET LITTÉRAIRE BUSSIÈRE